寻味冰岛

名山古树茶的味与源

中国林业出版社

图书在版编目(CIP)数据

寻味冰岛：名山古树茶的味与源 / 杨春，李兴泽著．
-- 北京：中国林业出版社，2020.1

ISBN 978-7-5219-0596-0

Ⅰ.①寻… Ⅱ.①杨… ②李… Ⅲ.①普洱茶-茶文化-云南
Ⅳ.① TS971.21

中国版本图书馆 CIP 数据核字 (2020) 第 090845 号

封面设计 / 赵黎波　　书籍设计 / 赵黎波

中国林业出版社

责任编辑：李 顺　陈 慧
出版咨询：（010）83143569

出 版：中国林业出版社（100009 北京西城区德内大街刘海胡同 7 号）
网 站：http://www.forestry.gov.cn/lycb.html
印 刷：北京博海升彩色印刷有限公司
发 行：中国林业出版社
电 话：（010）83143500
版 次：2020 年 9 月第 1 版
印 次：2020 年 9 月第 1 次
开 本：889 × 1194mm 1/32
印 张：21.5
字 数：350 千字
定 价：98.00 元

LOOKING FOR THE TASTE OF BINGDAO

everyone

Are all participants in history

每个人，都是歷史的參與者。

尋味冰島

TABLE OF CONTENTS

【目录】

06 / 是什么成就了冰岛茶?/ 121

[人物介绍] 本书涉及人物

戎加升　勐库戎氏第二代茶人，勐库大叶种茶复兴功勋人物
彭枝华　云南勐库云章茶厂原料负责人
张　华　云南双江勐库拉佤布傣（丰华茶厂）创始人
张　凯　云南双江勐库拉佤布傣品牌总监
申　健　古韵流香茶业创始人
刘明华　云南霸茶茶业有限公司总经理
刘华云　云南茗片茶业有限公司总经理
董明龙　云南双江勐库勐傣茶厂总经理
高明磊　云南世昌兴茶叶有限公司总经理
李学伟　云南午一茶业有限公司制茶师
罗　静　云南勐库云章茶厂销售总监
杨加龙　双江双龙古茶园茶厂创始人
李国建　双江勐库镇倴字号古茶有限公司制茶师
杨绍巍　双江津乔茶业有限公司总经理
卢耀深　广州芳村老茶人，南方茶叶商会原副会长
马　林　广东大观茶业有限公司、大益行情网创始人
邹东春　福元昌传承人，勐海县福元昌茶厂总经理
李小波　下关沱茶集团公司营销总监
兰　琦　景洪茶人
山朝永　西双版纳简一茶业有限公司创始人
贝　一　西双版纳云上贡品、丽江大隐堂创始人
石美艺　西双版纳阅山行创始人
戎玉廷　云南双江勐库茶叶有限公司总经理，勐库戎氏第三代茶人
莫诗云　茶军师｜茶品牌营销策划研究社创始人

C H A R A C T E R   I N T R O D U C T I O N

解忠文　云南盛易祥品牌创始人

燕　勇　勐海雨林古茶坊茶叶有限责任公司生产部品控中心主任

石迎春　云南天怡茶业有限公司总经理

彭建民　云南滇古茶业有限责任公司总经理

于　翔　昆明钧翔号茶业有限公司董事长，冰岛茶发展重要的推动者，云南大面积保护古茶树资源第一人

陈　财　制茶工程师

殷　生　广州蓝泉斋主人，云南名山茶爱好者

林水礼　广东八方茶园茶业有限公司董事长

黄彩珍　广东八方茶园茶业有限公司普洱茶经销商

董　娇　广东八方茶园茶业有限公司普洱茶经销商

林　欣　广东栩圣茶叶有限公司创始人兼 CEO

杨　炯　原双江茶办主任

张晓兵　勐库镇冰岛村委会主任

陈武荣　勐库镇忙那新寨村长，冰岛茶早期经历者

张　杨　勐库镇制茶人

廖福芳　云南勐库云章茶厂原料收购人

廖福安　云南勐库云章茶厂制茶师

彭发燕　云南勐库云章茶厂制茶师

杨小应　云南勐库云章茶厂制茶师

付兆安　勐库镇制茶人，勐库戎氏第一代推销员

董太阳　勐库镇制茶人

董太青　勐库镇制茶人

廖福荣　勐库镇制茶人

廖福菊　勐库镇教师
郑文贵　勐库镇制茶人
张云华　冰岛老寨茶农
字光兰　冰岛老寨茶农
赵玉平　冰岛老寨茶农
赵胜花　冰岛老寨茶农
赵年年　冰岛老寨茶农
赵胜华　冰岛老寨茶农
罗改强　冰岛老寨茶农
李全惠　冰岛老寨茶农
何文兴　冰岛老寨茶农
何文兵　冰岛老寨茶农
俸勇平　冰岛老寨茶农
阿　三　冰岛老寨茶农
赵玉学　冰岛老寨茶农，“冰岛茶树王”主人
莫洪伟　冰岛老寨茶农
李木桂　冰岛老寨茶农
张馨月　云南勐库云章茶厂技术指导
谢秉臻　云南勐库云章茶厂技术指导
岳　艳　云南午一茶业有限公司茶艺师
张国普　双江沙河乡教师，普洱茶爱好者

胡继男	辽宁冰岛茶爱好者
甲	无锡茶友
乙	勐海县制茶人
丙	冰岛老寨茶农，某品牌创始人，古韵流香在冰岛产区的合作伙伴之一
丁	冰岛茶发展史上重要的推动者与见证者
Y	表示“有些人”
H	H茶业公司
张　兵	珠海茶人
邹　蓝	无锡人,著有《巨人的跛足:中国西部贫困地区发展研究》等
李兴志	勐库镇教师
杨子权	勐库镇制茶人
杨子超	勐库戎氏广东中山经销商
浦文高	云南双江人，双江地方文化研究者， 著有《啊咿哟——双江民间调子》
詹英佩	茶文化学者，著有《茶祖居住的地方——云南双江》等
彭桂萼	20世纪30—50年代的临沧文化学者、教育家， 著有《双江一瞥》等
魏成宣	茶人
包琪凡	摄影师，浙江台州人
冬　雪	北京围棋老师
墨　菲	江苏金融职员

【高明磊 / 摄】

香与甜、柔与润，共同构成了大家对冰岛茶的印象，如春天般美好，如梦如幻。

喝冰岛茶是一种怎样的体验？

喝冰岛茶是一种怎样的体验？每个人都有自己的理解与诠释，更多的人都认可其香、甜（回甘）、柔的特点。彭枝华认为冰岛茶明显的特点是甜与柔，最大的特点是甜；张凯认为是甜与香；甲认为冰岛茶香、甜、润；乙认为冰岛茶柔、淡、甜；邹东春认为是香甜，并说冰岛茶和老班章一样，天生丽质，有自己明显的特点；刘明华认为冰岛茶的回甘、生津不仅好，而且快；莫诗云认为冰岛茶具备高端茶香甜、柔和、稀缺的特点；还有的朋友认为冰岛茶具有滑爽的特点，并且很明显……

当然，冰岛茶也是有缺点的，比如苦涩也是有的，尽管很低；甲觉得冰岛茶厚重感稍微欠缺一些；乙因为是勐海人，喝茶从小就浓一些，认为冰岛茶的层次感稍微欠缺……只是，人无完人，又何况是一杯茶？况且，冰岛茶在普洱茶中已经接近完美。

我们追求的口感，我们细化的指标，都在一杯茶汤里；之于冰岛茶，一杯入口，香、甜、柔、润、雅的特点或者说风格便已清晰，且是融合在一起的，如香甜、甜柔，为便于表述，在此一一列开。

香 Fragrant

【蜜兰香，溶于水】

闻香，可以识世间的很多美好，如幽谷之中的花开，即便不知芳名，也会被她的花香所吸引，沁人心脾，而不舍挪开步子；如校园里割草机割过的草坪，空气里散发着青草的清香，透着清新、朝气；如一瓶刚打开的陈年好酒，那份醉人的酒香，未饮，却早已入心；如一个擦身而过的女人，她身上飘散着的恰到好处的淡淡香水味，会让人舒服一段时间；如大年三十那天，母亲忙碌一天所做出来的美食，就透着熟悉的香，将传统与童年的记忆一点一滴清晰……只要你愿意放慢脚步，生活中总是有香可寻、可闻的，会将耽误的时间以另一种方式回报给你；如果你依然追求终点而忽略这沿途的美妙，或许就如电影《闻香识女人》中的台词所言“没有什么比残缺的灵魂更可怕，而且那是任何东西都无法填补的”。

【罗静/摄】

远远近近，总能闻到[illegible]，或浓或淡，香至岁月的[illegible]落。

也同样是这部电影，还有一段经典的台词："有时决定了要走，却总是徘徊留恋。有时决定留下，眼神却总望着远方的山水。没关系，唱首歌，走走停停地看看风景。一条路始终有个尽头。"通往尽头的旅途，有很多值得我们驻足的美好，有时候，甚至是我们前行的意义与价值所在。我每次去冰岛考察，都忍不住会看窗外，有时会关注到飞鸟、云彩，有时会关注到勐库的群山与冰岛湖的静谧，甚至，会让朋友将车停下来，我所贪恋的眼前的美景，便是平常生活中的"香"。

"无意苦争春，一任群芳妒。零落成泥碾作尘，只有香如故。"（陆游《卜算子·咏梅》）陆游的"香如故"，是品性的高洁、傲然；我们的"香如故"，或许仅仅只是这尘世里对香的初心的一种执着，可哪怕是这样，也依然值得我们坚持、追寻。2009年时，罗静到冰岛老寨收购茶叶，当鲜叶采摘下来，她就闻到了茶叶的香。一天下来，因为接触到鲜叶的次数比较多、时间也比较长，她的手上存留了冰岛鲜叶的香气，久久没有散去。

【罗静/摄】

远远近近，总能闻到花香，或浓或淡，香至岁月的平凡角落。

对于冰岛茶的香，不同的人有不同的理解。张晓兵认为冰岛茶含有兰香、蜜香、花香；张凯、董明龙都认为是花蜜香；李国建认为是蜜兰香，但更多的是蜜香。兰琦说：“冰岛茶在新茶的时候，香气非常舒服，香型属于野兰蜜味——既有野兰花的香，又带有蜜香，是比较综合的幽香……打开放散茶的纸袋，如果与周围的其他散茶相比，冰岛茶的香气与版纳这边茶叶的香气还是不一样的。”即使说法不一，但总的来说，冰岛茶的香气还是比较明显可以归为蜜香与（兰）花香的结合。解忠文认为冰岛茶的香气飘逸，很好闻；董明龙认为冰岛茶的香气非常独特；甲认为，香气这个东西不好说，因为每个人的感受都不相同，可能和做茶的工艺有一定的关系，但有一点是可以肯定的，即冰岛茶的香溶于水，淡雅，不张扬。

彭枝华认为勐库茶的甜度胜于版纳茶，勐库茶的香气弱于版纳茶。与彭枝华持相反态度的是，兰琦认为勐库茶比版纳茶要更香一些，而版纳茶的甜度、水路的甜度是悠长的，勐库茶水路的甜度要相对短一些。兰琦补充说：“勐库茶的茶树品种跟版纳的不一样，勐库做出来的茶所释放的香气也不一样。”

彭枝华对冰岛茶印象最深的，是早些年在进行鲜叶采摘时，能闻到鲜叶散发出来的明显的花香，有点像兰花香，清香淡雅，不是特别浓郁，闻起来很舒服。而在2010年，罗静再到冰岛老寨，同行的朋友对香气比较敏感，朋友采摘冰岛的鲜叶，结果在返回的路上，手上还散发着冰岛鲜叶独有的

花香。几年过后再次相聚，那位朋友还念念不忘那次手上茶叶留下的阵阵花香。2019年，罗静到勐库镇小户赛收购茶叶，这种触碰鲜叶而手上留香的情景再次遇到，那是小户赛的古树单株鲜叶，手上有茶叶的馥郁的清香，不腻人，很是享受，洗过手后，香气依然存在。说到这里的时候，她沉浸在往事里。

罗静说：“这种（鲜叶带来的）香味，对生态环境的要求非常高，并且自然植被要丰富，如果单一，是很难有这种香味的。”她的朋友喝过一次冰岛茶，干茶中含香，冲泡出来后，茶汤含香，并且香气持久。罗静说：“这份花香入汤，是茶叶天然含有的，不是人为加工出来的。”

刘明华将茶叶的香总结为香韵，他认为古树茶能获取土壤深层的矿物质成分，以内质丰富的最佳状态将各山头的独特性体现出来。古树茶具有独特香韵且香韵沉稳、浓郁持久，第一泡茶汤倒出后可闻公道杯香韵，是否浓郁而下沉，香韵越沉稳持久，代表内质越足，而冰岛古树茶则是香韵的完美代表。

在喝冰岛茶之前，轻闻她的香，也是一个不错的选择，并且建议不要省略掉这个环节——从干茶到冲泡后的公道杯，再到茶汤、叶底，都不要浪费机会，因为这是一段很惬意、愉悦的旅程，尽管眼睛看不到、双手无法捕捉，没有一赏人间三月芳菲的真实感，但那飘逸的蜜兰香又如此真实地存在，直抵心的最深处。并且，有一点不得不提的是，冰岛茶的香，是溶于水的，这是从专业的角度来说，而对于普通消费者，可以说得感性一点，那就是香溶于水，不会寡淡。多少人的情感，从最初的山盟海誓到最后各奔东西，而刚开始追求的相濡以沫，却在一杯冰岛茶汤里做到了——香溶于水，永不分离。

香溶于水
永不分离
Fragrance melts in water
never separate

【罗静／摄】

百花香里莺声好，晴日暖风天气，愿心定，愿香凝。

【杨春/摄】

精心制作的蜜制橄榄干，甜中带着清凉，与冰岛茶相得益彰

甜

Sweet

【独步天下的“冰糖甜”】

冰岛茶作为云南普洱茶的顶级代表之一，有着属于自己的特点，如香、甜、柔，这是比较直观的感受，能较为容易地便可获知。而外界对冰岛茶的特点最深刻的印象恐怕还是她的甜，你问周围喝过冰岛茶的朋友，相信绝大多数人最先想到、提到的都是“甜”这个字、这个特点，然后才是其他。甜，几近等同于冰岛茶、成为冰岛茶的代名词，而前面所说的香，则排在甜之后。这或许是对冰岛茶的一个误解，但毫无疑问的是，这也为外界认知冰岛茶起到了一个极大的推动作用：简单、明显，甚至是粗暴。

外界所说的甜，圈子里所说的甜，最后又归为一个——冰糖甜。这个概念浅显易懂，甚至都不能称为一个概念，应是对冰岛茶甜的这个特点，所进行的一个形象的比喻，所提炼的一个宣传点，然后集中精力扩大、推广，快速获得市场的认可。而市场，自然是包括消费者的。当然，这个宣传点不止高度概括，还形象、简单，消费者更容易感知，自然也就容易获得认知、认同，至少比宣传茶气、茶韵要简单得多，也快得多。

而说起冰岛茶，人们往往会拿老班章茶来作比较，老班章茶的霸气、苦而回甘快是整个市场都认可的特点，也是优点；但目前为止，还没有一个简单、鲜明的词语来总结其特点，包括产区与商家也缺这样一个词语来进行宣传（或许,名气已足够大，已不需要这样的宣传）。从这一点（冰糖甜之于冰岛茶）来说，冰岛茶还是占了先机的。

但“冰糖甜”这个提法，最早始于何时、何人？要溯源的话，可能就存在较大的困难了。董明龙说2007年后就开始流传“冰糖甜”这个说法了。“冰糖甜”正式流行于市场且获得市场的认可，应是勐库之外的商家。当下，我们或许都不太在意这个问题了，毕竟，勐库当地茶人与勐库之外的茶人都在以“冰糖甜”这一最鲜明的特点来积极推广冰岛茶，没有任何悬念的是效果奇佳、省时省力，又何乐而不为呢？消费者只有亲自品饮过、验证过，才有可能继续关注冰岛茶，关注冰岛茶的其他特点。这，就够了。

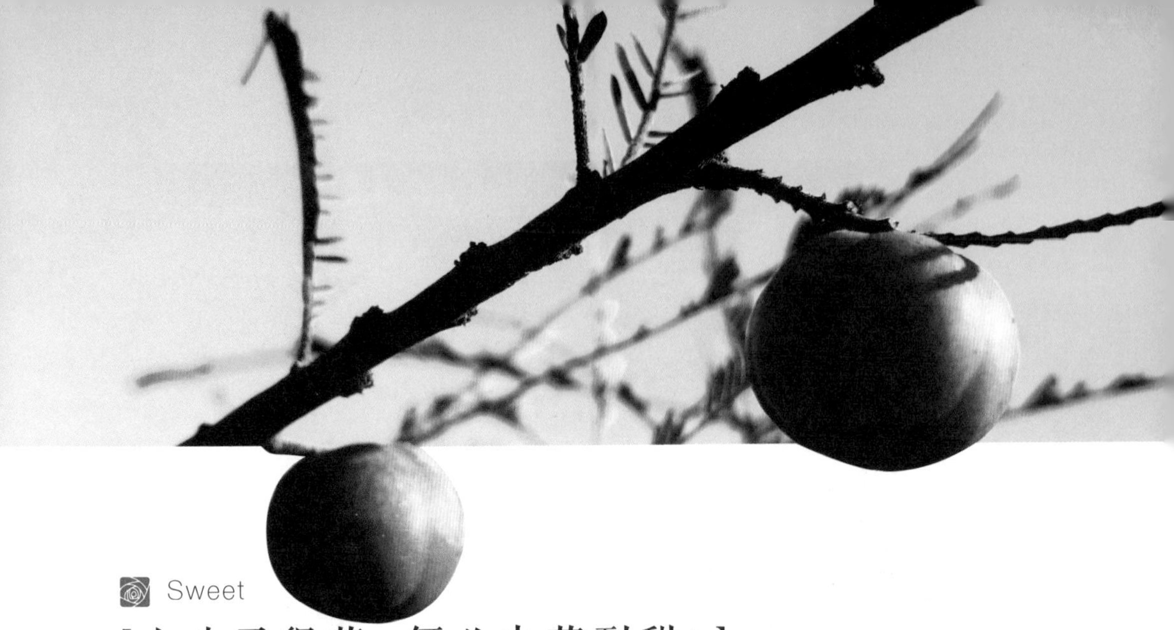

Sweet

【人生已很苦，何必由苦到甜？】

甜，谁不爱呢？生活甘甜，长相甜美，情感甜蜜，都是岁月里我们的追求。

前几年，我在昆明康乐茶城的时候，我说所喝的一款茶(老曼峨苦茶)好苦，同事蒋忠涛说“能有生活苦吗”，我无言以对。

甲说：“茶如人生，谁愿意苦呢？有甜茶喝，还要去经过苦干啥？”他又补充说，“生活已经那么苦了，喝茶还要去先苦后甜？”

我的同事包琪凡是浙江台州人，说：“甜是一种通感，大家都能接受。对于（普洱茶）新手来说，很少有人愿意选择刺激性强的茶。”甲也说：“从新茶客或刚接触（普洱茶）的人来说，甜是有很大作用的，能吸引很多人来尝试。”甲的祖籍为江苏无锡，他说无锡人喜欢甜食是出了名的，与冰岛茶比较对味。甲举了一个例子，说

【李兴泽/摄】

枝头上的野生橄榄，得先经过苦涩与酸，才能回味它的甘甜。

他们做红烧蹄膀时，都要往里面放很多冰糖；在烹饪有些菜的时候，都会加冰糖作为配料。而我的一位忘年之交、祖籍同为江苏无锡的邹蓝，也说："无锡饮食的甜，可能是全国第一甜。"邹蓝所访地域范围极广，不止是国内的天南海北，还有欧洲和南美洲，对于各地饮食、风味或深或浅都接触过。我忍不住问："超过上海？"他说："上海小意思。"而有一点，我们都能感同身受，即我们的日常饮食，包括饮和食，"食"中多含甜，那"饮"中含甜的概率要大许多，它是相通的，也可以说是成为一体的，至少，江南地区吃川渝麻辣火锅的人要少很多，而他们喜欢喝含有"甜"的冰岛茶就显得很自然。

甲回无锡时，会和当地的茶友以及一些卖茶的老板喝茶，相对而言，他们都是对甜茶的兴趣更大一些。但同时，甲又补充说："如果甜到发腻，也不会愉悦，要恰到好处的甜。"

而冰岛茶的冰糖甜，恰恰就是新手喝普洱茶的一个切入点，至少容易被新手接纳。甲说："天然带甜韵的冰岛茶，喝了还不用担心长胖。一般的茶友，初次接触就会喜欢上，特别适合于女茶客；如果对方是初次喝，你给她喝一杯老曼峨苦茶试试，你看她还爱不爱（喝普洱茶）？苦茶与甜茶，当然是甜茶更容易被人接受。"刘明华说："没人喜欢苦，大家都喜欢甜。"

石美艺也认可冰岛茶，她觉得因为有些人喜欢甜的东西。而甲还说："冰岛茶能给我们带来愉悦感的，一个是甜，另一个就是雅。"对于前者，甲补充说，"冰岛茶能带来感官上的直接的愉悦感比较强，苦涩度比较低，喝普洱茶的初学者最容易接受。"

胡继男说："冰岛茶在东北地区的宣传是'一泡甜'，一泡就甜，所以消费者对冰糖甜的冰岛茶很好奇。"他自己的理解是冰岛茶的喉韵有冰、糖的清冽感，不是冰糖，需要分开来理解；对新手来说，很容易理解为冰糖的甜，以为是连在一起的，虽然可能是误解，但推广上确实带来了便利，不用解释太多，而新手也容易接受。

苦尽甘来，是很多人承受岁月洗礼之后的心愿，也是支撑，更是知足。可喝茶，倘若省去了苦、一来就是甘甜，又为何要拒绝呢？

Sweet

【甜过初恋，甜到怀念】

很多人在谈及冰岛茶的口感时，都无一例外的提到了甜，但具体是一种怎样的甜？如何表述甜的感受？却没有一个标准的答案，每个人对冰岛茶的甜的理解、感受都不太一样，但越是这样，就越呈现出一个真实的丰富的甜的世界，值得我们尝试、验证与探寻。

对于冰岛茶的甜，彭枝华、刘明华都说到了一个词——甜丝丝。这个词可能具有一定的地域性，一些地区的人不太好理解，但如果在云南，相信很多人一听到就能明白，够直接，也够清晰；够精准，也够鲜活——理解起来不带一丝困难。

彭枝华认为冰岛茶是甜丝丝的，甜是鲜明的，舌面是甜的，整个口腔都是甜的。他说："相比较勐库其他产区的茶来说，冰岛茶一开始就甜，其他产区需要一点点时间的转化，才能感觉得到。而冰岛茶的甜来得快、来得自然，也来得亲切。"

【杨春／摄】

茶山再艰苦，采访时总能喝到冰岛茶，也慰藉了自己。

刘明华说：“冰岛茶是入口甜，（冰岛茶）一直有这个特点，并且是最大的特点；新茶就能入口，茶客不会排斥。”他说，“那种甜丝丝的感觉就像名山的清泉，能感受到甘甜、清冽。”这让我想起2004年暑假的时候，我一个人去爬泰山，最后下山时选择了偏僻的小路，遇到了一群退休的老人，他们带着我喝泰山山涧的清泉，正是那种甘甜、清冽，一辈子也忘不了。

李国建则认为冰岛茶的甜来得慢一点，在后半段，在第7泡后，一直到第15泡；但董明龙认为冰岛茶是喝到第15泡后，冰糖甜的感觉比较明显，那种甜能从牙缝里流淌出来。

昆明康乐茶城的一位茶人说：“冰岛茶的冰糖甜是如糖果般的直接，来得快，来得明显，这也是冰岛茶的特点之一，且是最大的特点；易武茶的甜是如水果般的间接，是后面而来。”

李国建说冰岛茶具有冰糖甜与冰糖韵的特点，二者是分开的，不是一个概念，他说冰岛茶的甜，甜过初恋；石美艺说冰岛茶从头甜到尾，很细腻，确实像初恋的感觉，越往后泡，汤色越亮；但刘明华认为最能代表甜如初恋的茶不是冰岛茶，而是同属勐库产区的磨烈茶，后者具有竹香、青涩的特点，伴随着浓郁的回甘，更符合初恋的特点。乙也觉得谈恋爱是很强烈的，而不是温温柔柔的。

不管描述如何不同，冰岛茶甜而不腻是业界一致的观点，那份甜，会让人怀念，让人常常想起，如初恋般美好，如人间三月芳菲尽放，透着温暖与希望。

Sweet

冰岛茶的甜很特别：甜，还是回甘？

甜，还是回甘？对于茶人与资深茶客来说，这当然不是一个问题；但对于冰岛茶，对于外界，这恐怕还是一个问题，因为，冰岛茶的甜太特别了。申健说：“喝茶觉得甜，这本身就有问题，我给员工培训的时候不讲述这个。甜的成分，最简单的成分就是糖分。有些茶的含糖量确实高一些，但冰岛茶的甜更符合回甘，回甘与甜是两码事。回甘是因为茶的茶多酚和其他物质综合作用的原因，我们称为‘韵’，就是回甘、生津，冰岛茶的回甘是很特别的，所以很多人称为甜。如果要一味地追求甜，那喝糖水、蜂蜜水就可以了，方便又省钱。”

李国建说更多的人喝冰岛茶，喝的是韵味，喝到口腔里的感觉，口腔的韵味比较饱满，他说冰岛茶是秒回甘、秒生津，回甘生津特别快，喝到 7—15 泡，是品冰岛茶的最佳时机，两颊会有咽口水的感觉；董明龙认为在 15 泡之前，是回甘、生津，冰岛茶在回甘、生津方面的优势是其他产区替代不了的；刘明华也觉得冰岛茶生津快，（冰岛茶）是最快的茶，没有之一，一般情况下是3秒即能感受到生津；这与胡继男所说的“一泡甜”有异曲同工之处。

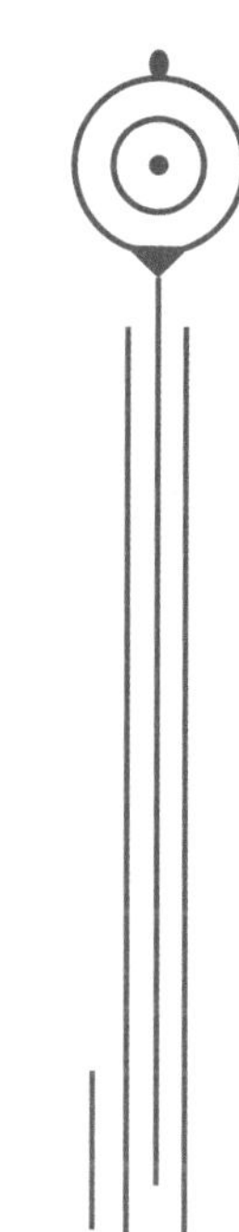

黄彩珍说冰岛茶有甜韵、喉韵，有流口水的感觉；邹东春说，冰岛茶的甜是甜韵，集中在喉咙这块，而易武茶的甜是回甘甜，整个口腔都有；乙说甜韵是讲持久度，在喉咙里面的时间长短；彭枝华也认为冰岛茶的甜是甜韵，而不是甜度，糕点、水果的甜用甜度更合适，糖水的甜是一甜而过，冰岛茶的甜是持久的、悠远的，吸气的时候，牙根会有冰甜冰甜之感，并且冰岛茶的甜不会让人感到腻。

申健说：“如果说冰岛茶是甜而不是回甘，那就不用等待了（等待2秒、3秒……那也是等待），入口就是甜的；冰岛茶凉了喝，也能感受到回甘、生津的甘甜。”

甜，是因茶多糖带来的口感体验，是一种味道，是入口后在舌面上的直接表现，也是一种物理作用；回甘，是茶汤入喉时刺激性逐渐消失、唾液慢慢分泌而出的过程，并在这一过程中感受到喉咙的滋润甘美，更多的是一种酶素化学作用，也是一种感觉。在一杯冰岛茶的茶汤里，甜与回甘同时生成，当然是一次愉悦、美妙的感官之旅，从最细微而敏感的味蕾到最宽广而丰富的口腔，再到最深邃的喉咙，直抵心头，直抵大脑。茶客或以最认真的态度品鉴，或以尝试的态度品尝，最终通往的，都是一个甜美的世界，愉悦而难忘。

Sweet

不同的地块、不同的树龄，不同的甜

张凯说：“现在的冰岛茶，大家都是在谈论甜。当然，甜的口感与具体感受跟个体有关系，就像吃辣椒，每个地方的人对辣的敏感度都不一样；甜还跟地块（茶地）有关系，不同的地块也会带来不同的甜。”他认为冰岛茶从地块来说至少有3种口感：第一是茶王树，属于核心区，价格最高；第二是冰岛老寨广场一带；第三是进村能看到的山坡一带。张凯所说的这三块地块，其实就是树龄问题，茶王树是最古老的，广场一带次之，山坡一带再次之。

甲也说：“茶分为台地、小树、大树、古树等，那么，不同树龄的茶带给人的体验，区别还是很大的。而不同层次的消费者肯定会喝不同的茶。”李国建说：“树龄不一样，（茶汤带来的）口腔感觉也不一样，中小树在舌尖，回甘、生津表现在舌尖一段、二段；古树的回甘、生津表现在两颊、舌根。”贝一说：“冰岛小树茶的甜是绵绵的，到中树茶有一点苦；而古树茶的苦则明显一点，当然，只是相比较而言，也不怎么苦。”

我的一位朋友认为小树茶的糖分会适当高一点，入口的甜度相对高一点，而回甘就欠缺一些；古树茶的特点是先苦后甜——回甘，且比较明显。他说，这就是冰岛茶的特点。申健认为古树茶就是先苦后甜。

甲在评价某位茶人做的冰岛茶时，说：“一些小树茶喝起来苦涩度低，带甜，有回甘，香气好。”而勐库的一位资深茶人也认为即便是冰岛老寨的茶王树，也还是有苦底的。张凯说：“冰岛茶是香高、绵甜、越喝越甜，但如果参照版纳的甜茶来说，勐库茶（包括冰岛茶）还是有一点苦底，只是，这种苦不是恶苦（化不开的苦，一直停留的苦）；在过去，真正的冰岛茶是苦甜苦甜的，市场上（冰岛茶）最传统的味道也是苦与甜交集、相融的，那种苦甜交融的感觉很特别，是其他产区的茶叶很难替代的，但冰岛的这种苦相比勐库产区其他山头的口感，是可以忽略掉的，这就是冰岛茶的独特之处。”

而兰琦也持类似的观点，他认为冰岛茶在滋味上，一种是比较悠甜——甜比较悠长，还有一种是甜中回苦或苦中回甜，是两个体系。至于冰岛茶哪一块茶园的茶叶好喝，他认为要以口试茶，有些茶树尽管是在一起（相同的地块），但味道是不一样的；有些茶树就是苦的，但转化几年后，会变得甜起来；有些茶树，开始是苦的，放过一段时间后还是苦的，所以觉得冰岛茶很奇妙。他说冰岛茶的品种比较多，不能一概而论，不能用固定的东西或者说认知去框死住。当然，他所说的苦也是相对的。

陈武荣认为自己在10多年前就觉得冰岛茶好喝，苦之后觉得甜，这是冰岛茶本身自带的特点。

甜与回甘，品种与地块，树龄与环境……业界的分歧、争论还在继续，但终究化为一个简单的字——甜，并快速传播，翻越勐库群山，翻越云岭大地，传颂至更远的地方，也甜至更多的人的心头。

【高明磊 / 摄】

冰岛村，不同的地块、不同的树龄带来不同的甜，而我们也如此，
不同的年龄段对幸福的理解与追求皆不一样。

Sweet

【极苦之境，甘甜之境】

现实中，只要不攀比，便可免去我们诸多的苦。而对于普洱茶，有针对性的对比着喝、对比着体验与品鉴，却能带来诸多的乐趣、享受极端之美，且无边无际。要想深刻地感知冰岛茶的甜，那我建议还是与老曼峨苦茶对比着喝，如果觉得还不过瘾，你可以挑战一下先锋苦茶（产区位于西双版纳州景洪市小勐宋）。

在遇到先锋苦茶之前，我以为老曼峨苦茶是最苦的茶；在遇到先锋苦茶之后，我觉得老曼峨苦茶很温柔。因为我喝过先锋苦茶，所以在你喝它之前，我还是很有必要提醒你：务必谨慎，千万不要端起茶杯一饮而尽，不管茶杯有多小，都不能一口干，除非……你能把喝下去的这杯苦茶抠出来，否则，你有 99.99% 的概率会后悔，可世上有后悔药吗？

很多年前，我觉得黄连很苦；很多年后，在 2018 年 10 月喝过先锋苦茶之后，黄连在先锋苦茶面前，也只能收起黄连应有的尊严，收起它的那份苦。黄连再苦，可好歹它会回甘；但先锋苦茶不会，它有一颗将苦进行到底的心，且天成、自负。先锋苦茶苦得固执，苦得决绝，不苦到世界的尽头，它绝不回头。显然，我们看不到世界的尽头，我们也看不到先锋苦茶苦的尽头，我们唯一能做的，就是小心翼翼地喝一小口，然后在它千回百转的苦中叫苦：世上怎么有这样苦的茶？

只是，先锋苦茶才不管我们如何叫苦，它的苦继续、持续、绵延不绝；它真实地存在，它摆放在我们的眼前：干茶条索极好，白毫极多，茶汤看不出特别之处。而一旦茶汤停留在口中，你便不会吝啬你的表达，它苦到极致，苦到我自己想哭，苦到伤心，苦到肝肠欲断，如同年轻时候那位心爱的人突然不辞而别，整个世界都变得黯淡无光，苦到此生此世也难以忘记它——它苦出了高度，苦出了一种全新的境界，也苦得纯粹，绝不会掺杂一丝一毫的甜或者回甘，苦得我心服口服。

在苦不堪言、向黄连妥协——黄连是甜的时候，燕勇说："我们喝的是纯正的先锋古树苦茶，加了蜂蜜都化不开。"他说得随意，我听得绝望。燕勇说，"先锋苦茶是布朗山茶区最苦的苦茶，并且要趁热喝，因为放冷了喝会更苦。这里的苦茶鲜叶进嘴不算苦，但越嚼越苦，那种苦味会层层推进，就像海浪一样，跟老曼峨苦茶还有区别，老曼峨苦茶苦中会有回甘，但先锋苦茶没有。"

而冰岛茶的甘甜，与先锋苦茶有着神似之处——极致之美。解忠文说："冰岛茶茶汤饱满、细腻，入口清甜、甘洌，整个口腔仿佛都得到了滋润。茶汤顺滑入喉，随后舌面中段有涩感，舌下生津强烈迅速，回甜如冰糖水般，清、润，连绵不断，悠长持久。随着舌面涩感的化开，生津如浪潮般层层叠叠，从舌下汩汩涌出，最让人陶醉的仍然是随后的回甜，丝丝蜜意，荡漾心扉。"多位茶人均说过冰岛茶的甘美之境，"两颊不断生津，就像两条小溪，汩汩而流"。

张晓兵说："冰岛古树茶的甜度相比小树茶要更好，茶汤汤色也更亮一些；在较早的时候，勐托的人喝到了冰岛茶，最后也习惯了冰岛茶，他们觉得（冰岛茶）比其他地方的茶更甜、更香。"

从苦到甜，也只是一叶、一杯，甚至只是一念之间。生活的攀比之苦，应该比先锋苦茶更苦；放下攀比的心，便能享受冰岛茶的甘甜之境。

【高明磊/摄】

只有经历过岁月的洗礼，才会感知生活中那份与众不同的甜。

【张兵 / 摄】

初春的花，透着生命的盎然，
也透着无限的柔美。

柔 Soft

【刺激性低，柔和入口】

作为风味之物，茶与酒总有很多相似性，有烈、有柔，有霸气、有绵和，以我自己喝过的白酒来说，青花汾酒要柔一些，而飞天茅台要烈一些，至少入口时是这样的感受（陈年白酒不算）。与白酒相比，普洱茶依然有着极高的可对比性，很多人喜欢老班章茶的霸气，所以老班章茶称“王”，赢得了一大批拥趸，市场热度一年胜过一年，到老班章寨门、到老班章茶王树旁拍个照，成了很多人茶山游的必备项目，哪怕不买一片茶，也得将照片发到朋友圈，以证自己的寻茶之路。

同样，很多人也喜欢冰岛茶，将其称为普洱茶中的“王后”，自然，她要柔和很多，相比老班章茶来说，刺激性要低很多，对于初次接触普洱茶的消费者而言，尤其是北方地区的消费者，更容易接受。而柔，也只是一种感觉，是一种相对的状态与品饮体验，但终究能感受得到，且鲜明存在。而彭枝华即认为冰岛茶有两大特点：除了甜之外，就是柔。冰岛茶是柔和的，是很亲近的柔，让接触者很难有抵触。

要感受冰岛茶的柔，最佳方法就是对比，有比较就有判断，只要对比着喝过，就会有深刻的理解。以新茶为例（刚做出来的普洱散茶），老班章茶与冰岛茶还真是绝佳的对比搭档，冰岛茶虽还带着细微的青味，但总的来说，闻起来不刺鼻，喝起来刺激性低，非常容易入口。我在2019年10月和11月到冰岛老寨调查时，喝过几次刚做出来的冰岛茶，身体没有不适反应。而老班章新茶，青味就较重一些，闻起来就很明显。我在2019年8月到老班章调查时，连续两天都是喝新茶，身体便受不住，身边的同事也如此，最后赶紧去村里的小卖部买零食吃；到第三天，已不敢再喝新茶，而是问茶农“有没有去年的茶？有的话给点喝喝”。

彭枝华说：“柔，也可以说是一种包容，口腔对茶汤的包容，从唇齿到舌面，再到喉咙，身体不会拒绝，不会排斥。”李国建对冰岛茶茶汤的柔和说得更形象——“像女人”。

而在冰岛老寨的几次调查中，曾喝过不同茶农家的新茶，确实柔和，身体能承受，所以也不曾拒绝冰岛的新茶，自然也没有提要求（喝去年或者前年的茶）。

所以作为一线的制茶人，尤其是专注西双版纳布朗山产区的制茶人，每年春茶时都需要品饮不同的茶叶，这对身体是一个很大的考验。但这也正是布朗山产区、老班章产区茶叶的一大特点，与冰岛茶是截然相反的风格。

张晓兵也认为冰岛茶的刺激性比较低，即使是刚做出来的新茶，能闻到那份新茶独有的新味，也可以说是青味，但喝起来比较舒服，不会让人受不住，刺激性远远低于老班章茶。黄彩珍评价冰岛茶入口醇和，也是柔的一种体现。

润

Comfortable

【润喉、润心，温润而泽】

我总觉得，“润”是虚与实的桥梁，有虚的一面，不太具象，不够直观，如“随风潜入夜，润物细无声”以及“天街小雨润如酥，草色遥看近却无”，就需要思维的微妙转化，才能跟得上诗人的脚步，感受神来之笔，感受“润”这个字所带来的质的飞跃——似动似静之妙，激活了初春之美，生命的气息也跃然纸上。同时，“润”也有实的一面，虽然细微，但只要用心，仍然能够感受得到，就像一个人用心地生活，那一个人的生活也可以过得很滋润，“润”在其间，在自己，别人羡慕也替代不了。

【罗静／摄】

润，是一种状态，讨人喜欢的那种。

润，也是冰岛茶的特点之一。张晓兵认为冰岛茶入口好，回甘一两分钟后，口腔两颊有唾液感，嗓子润润的。彭枝华认为好的冰岛茶是润口

【李兴泽／摄】

清泉如碎玉，滋润着这片土地，也带来了一份灵动。

的，回甘、生津比较好，而口腔与喉咙比较舒服，不会出现口干舌燥的情况，喝茶不会费力；而有些不太好的茶，喝起来会出现口腔疲劳的状况。刘明华也评价冰岛古树茶苦涩平和，苦涩能很快化开，茶汤的协调性比较好，这是因为冰岛古树茶的内含物质丰富，最后以“温润醇和”入口、入喉。

甲对冰岛茶的润这一特点理解得比较简短，但足够精炼，即“喝得舒服”。而“喝得舒服”正是对一款好茶最贴切的评价，当然，这个评价不局限于冰岛茶，可以延伸为同为临沧产区的昔归茶以及版纳茶区的众多名山茶。“喝得舒服”不止是做茶人对一款好茶的认可，也是消费者对一款好茶的认可，或许会有一些误差，但不会失之千里。

“润”，是对一杯上好茶汤的综合评价，包括了各个层面、各个维度，通俗表达为“喝得舒服”，既有容易下咽的基本要求，也有下咽过程中带来愉悦与享受的更高要求；既有身的惬意，也有心的绽放。“喝得舒服”，这是对一款好茶至高的评价，哪怕没有华丽辞藻的堆砌，没有专业术语的描述，也无法掩盖其好茶的光芒。所谓“大道至简”，应是如此。

“昔者君子比德于玉焉，温润而泽，仁也。”（《礼记·聘义》）这段话翻译过来，就是说君子的德操可以和美玉相比，温润而有光泽，这就是仁。而一杯茶，能“润”——润口、温润醇和，喝起来舒服，也可以看作如君子之德操，也可以和美玉相比，也应是这杯茶的“仁”。

雅

Elegant

【清雅如兰，如君子】

清雅之境，必定不忧愁、不哀感，也不欢闹、喧哗，而是带着淡淡的欢喜、愉悦，带着浅浅的欣然、温暖，甚至是无法言说、也无须言说的美意，如听琴音，静享山水之声响；如沐春风，轻吻自然之气息；如涉浅溪，感知流水之清凉；如登兰室，置身于香气的飘逸中。

“室雅何须大，花香不在多”，无须深墙大院、金碧辉煌，无须成片成林，不浮躁，不奢华，倘若粉墙黛瓦、兰竹萧萧、庭院清幽也是一种奢侈，只要主人有风骨，那陋室亦可，一桌一椅、一草一木、一花一盏以及几卷书、几杯茶都能成就室雅兰香，成就一份雅致。

【高明磊/摄】
清静之境，
包容了诸多的遗憾与知足。

毕竟，不是每个人都能常沾江南园林的清幽，也不是每个人都能坐享明清家具的雅致。我所理解的雅，也不希望是形式上的高雅、典雅，而是如果你想，你便可以用较小的代价营造出的一种生活氛围，继而成为一种生活方式，如陶渊明般“悦亲戚之情话，乐琴书以消忧”(《归去来兮辞》)。

清雅如兰，必定不浓烈，而是一种恬淡，氛围也好，香气也罢，情境也好，甜韵也罢，它不会写在脑门上，但又无处不在，时时沁人心脾，让己愉悦，如“兰之猗猗，扬扬其香。不采而佩，于兰何伤。”（韩愈《幽兰操》）我们可轻闻或者尽情地闻，我们可独享或者众享，皆无妨，皆兴致。

享受一杯冰岛茶的香与甜、气与韵，香如幽兰、蜜香，浓郁而不浓烈，持久飘散，普通的空间也如兰室；这份香，也是清幽淡雅的，与浓郁不冲突、不对立，甚至是包容的、统一的，带给我们怡然、愉悦。甲说，冰岛茶甜丝丝，有甜韵，但不浓郁，清而淡，而且有持续性，绵绵不绝，不止是身体上的感受，也是精神上的感受；刘明华说，冰岛古树茶的甜是高雅的清甜。甜，竟也透着清雅，那我们又何惧空间的简陋？一段清甜的时光，便已胜却人间无数。

再忙碌的生活，再快的城市节奏，都不应成为我们独坐一会、享受这份清雅的理由。身是自己的，心也是自己的，任世事繁琐而冗长，我们无法回避肩上的责任，但总能阅《逍遥游》，总能品饮一杯香甜交融的冰岛茶汤，总能在有限的条件下向往或者享受一份清雅之境，哪怕短暂，也不能错过，更不能拒绝。

清雅，终究不是随时随地可得，终究是有门槛的，但正是如此，才显得珍贵。清雅，需要情、景、物的融合，需要一颗不沉沦的心，才可能邂逅“兰叶春葳蕤，桂华秋皎洁”（张九龄《感遇》），才不会错过、浪费勐库群山深处的那杯回味无穷的冰岛茶。

清雅，更多的时候是一种心境，是一种精神上的追求，可以是大自然中的幽兰、匠心营造的氛围，可以是与好友分享的，也可以是独自一人愉悦的，不用在意要得到认可。“峨峨兮若泰山”“洋洋兮若江河”本是绝唱，知音难寻、世事难料。知音可以是一个人，也可以是一杯冰岛茶。这份清雅以及清雅中散发着的从容、简洁与自信，才是我们在时间里应有的态度，也才是时间旅程的经典之作。

至于很多茶友所追捧的卢仝的《七碗茶诗》，最初我也跟着很多人断章取义地认为，那只是对纯粹喝茶的一种感受的描写，属于就茶论茶的范畴，后来才发现，他们津津乐道的《七碗茶诗》仅仅只是原诗的三分之一的内容，他们所赞誉的“七碗茶境界”并非卢仝所要表达的全部，原文如下：

走笔谢孟谏议寄新茶[1]

日高丈五睡正浓，军将打门惊周公。

口云谏议送书信，白绢斜封三道印。

开缄宛见谏议面，手阅月团三百片。

闻道新年入山里，蛰虫惊动春风起。

天子须尝阳羡茶，百草不敢先开花。

仁风暗结珠琲瓃，先春抽出黄金芽。

摘鲜焙芳旋封裹，至精至好且不奢。

至尊之余合王公，何事便到山人家。

柴门反关无俗客，纱帽笼头自煎吃。

碧云引风吹不断，白花浮光凝碗面。

一碗喉吻润，两碗破孤闷；

三碗搜枯肠，唯有文字五千卷；

四碗发轻汗，平生不平事，尽向毛孔散；

五碗肌骨清，六碗通仙灵；

七碗吃不得也，唯觉两腋习习清风生。

蓬莱山，在何处？

玉川子，乘此清风欲归去。

山上群仙司下土，地位清高隔风雨。

安得知百万亿苍生命，堕在巅崖受辛苦。

便为谏议问苍生，到头还得苏息否？

---

[1] 王龙，丁文 . 大唐茶诗 [M]. 中国文史出版社，2015：204.

“七碗茶境界”之所以百世流芳，我以为正是因为有了前文创作背景的铺垫，有了后文主题的提升与立意的高度，有了超越自己、敢为苍生发问的胸怀与情感，才有层层推进的“七碗茶境界”，且一碗胜过一碗，七碗一气呵成，成为一体，又与前后文融为一体。熟悉历史，熟悉现实的人都知道，层层推进的“七碗茶”通往的是卢仝的人生理想，而非仅限于一杯一碗的茶汤，那是义，那是天下，那是注定更为艰险的路途，一点都不清雅，因为，注定无法清雅。

【李诗白/摄】

繁华的声响，抵不过水墨的静默

【何文兵／摄】冰岛茶膏制作

冰岛熟茶、白茶、红茶、茶膏、蜂蜜茶，你喝过哪一种？

普洱生茶是冰岛茶的制作主流与消费主流，生茶之外，还有厂家、茶农根据市场需求甚至是个人爱好，小批量、尝试性地用冰岛原料制作熟茶、白茶、红茶、茶膏以及蜂蜜茶。对于冰岛茶的产品种类与市场影响，我们乐于见到这样的有益补充，可以丰富消费者的品饮需求，更全面地了解冰岛茶——原料好，做什么茶都好喝。

Fermentation

【冰岛熟茶：熟是一种心态】

总有人问：怎么用冰岛原料做熟茶？这是基于冰岛原料价格高昂的背景，言下之意就是用冰岛原料做熟茶太奢侈了，成本高是一个方面，发酵有风险是另一个方面，一旦发酵失败，那茶叶就只能做茶树的肥料了。但，还是有厂家、茶农愿意冒险，因为市场有这个需求——中低端熟茶较多，而高端熟茶极少，尽管其中的区别极为细微，远没有生茶那般容易鉴别，但还是有消费高端熟茶的消费者。何况，发酵高端熟茶也有一种勇于挑战的乐趣。

张华说勐库这边发酵熟茶，过去是10吨左右的原料才敢发酵，担心量少的话渥堆的温度达不到标准，现在四五百斤[2]也敢发酵，因为技术成熟了；张凯补充说，那个时候发酵是大堆发酵，数量在七八吨左右，如果不用大堆子，怕热量起不来，那样的话香气就会欠缺，也会带来酸馊味，就意味着发酵失败；张华说1998年丰华茶厂用勐库原料做了一批熟茶，做好后就卖给广东的客户，一斤能赚一两块钱就很满足了。

[2] 1斤 =0.5 千克

张凯说："2010年之前除了丰华茶厂外，没有其他厂家有成体系的发酵，当时更多的是选择坝区茶发酵熟茶；2013年之前发酵熟茶的厂家很少，丰华茶厂在2013年左右用大户赛茶叶作为原料、开始研究小堆发酵，当作是实验，这样风险低一些；2010—2014年还很少有高端熟茶，2013年名山名寨茶升温，开始分得很细，追求高端熟茶的人增加，2014年开始古树茶发酵。"他说，"也是从2014年开始，发酵熟茶从鲜叶品质就开始把关，不然损耗比较高，损耗高的能达到30%；而从勐库镇到冰岛茶山有一段路程，鲜叶从山上运输下来，有一部分水分就自然脱掉了，再加上标准的工艺，冰岛熟茶喝起来滋味感更强。"

2016年的时候小堆发酵的技术比较成熟，丰华茶厂就开始用冰岛原料发酵熟茶，张凯说他们选择了大树茶，并且是春尾茶，这样代价低一点，如果失败，也能承受，但后来还是成功了；2017年，用500公斤[3]冰岛原料下堆发酵熟茶，最后收获了300公斤熟茶、200公斤老茶头，量少了点，没敢做太多，高端熟茶对小堆发酵技术的要求还是比较高。当然，他说这仅仅只代表他们公司，或许其他厂家会做得更好。

【张凯 / 摄】

张华，勐库老茶人，熟悉勐库茶的特质。

2019年，津乔第一款冰岛熟茶上市，上市后仅半个月几乎售完。

[3] 1公斤 =1千克

现在，冰岛茶农对熟茶也有兴趣。李国建说：“‘冰岛熟了’是整个冰岛村第一家做熟茶的，而俸字号也出过一款用黄片发酵的熟茶。”

罗改强说自己平时就做晒青毛茶，但来冰岛的客户会问有没有熟茶、白茶、红茶，所以还是想尝试一下，第一次做冰岛红茶的时候也是这样的心态。2018年11月，罗改强发酵了一批熟茶，他请了一位勐海的熟茶发酵师傅帮忙，就在冰岛，就在自己家里发酵。罗改强选择了300公斤冰岛干毛茶作为原料，为春茶、夏茶、秋茶的拼配，其目的主要还是为了降低成本与风险，他说如果这批原料不发酵熟茶，而是将原料卖出去，可以直接变现90多万的钱；如果发酵失败，那就打水漂了。所以，进行高端熟茶的小堆发酵，成本与风险不言而喻，90万的钱，在临沧市区也可以买一套不错的房子了，或者，罗改强可以将他的座驾直接升级为一辆很不错的越野车。但他依然选择尝试，对于这一点，我还是很佩服的，换作是我，或许没有他的勇气。

而对于这次大胆的熟茶发酵尝试，罗改强也同样有合作精神与诚意。他说发酵师傅第一次做名山茶的熟茶发酵是在老班章村，所以有经验，并且他是通过微信认识发酵师傅的，后来就邀请对方来冰岛帮忙。罗改强说请发酵师傅来发酵冰岛熟茶，没有支付薪水，回报是分红，按照约定的比例进行。

发酵师傅选择了箩筐发酵，将300公斤干毛茶全部放进去，进行渥堆发酵，时间为40天。好在，最后成功了，罗改强说当得知成功的时候，终于松了一口气，不然一年就白忙了，不再提心吊胆。我问他有没有卖出去了，他说还没有，还放在家里，自然，也还没有分红给发酵师傅。从这一点，我也是敬佩那位发酵师傅的——他没有急功近利，或许，他对自己的水平是很有信心的。

我问罗改强担不担心卖不出去，他说：“说担心也担心，说不担心也不担心，因为原料好、工艺对、保存好，就能长期存放，有茶叶在，就不担心。”他没说出口的担心，我猜测是卖不出去会压着资金；其实，这也正常，因为，这也是成本。

我特意让罗改强冲泡他发酵的冰岛熟茶给我喝，他没有一丝的犹

【杨春 / 摄】
喝过好几家茶农发酵的冰岛熟茶，各家的口感都不一样，有细微的差别。

豫，转身就拿来冲泡，并且还说“没有挑茶头，就一起放着”，实在得很。趁他洗杯子、还未冲泡时，我拿过熟茶来看，能看到清晰的茶芽。而最后冲泡出来的茶汤，也不负期待，红浓的汤色格外诱人，口感特别舒服，回甜保持得比较好。我连喝了好几杯，没有口干之感，相反，一直都是很润的感觉，带着甜，带着滑，醇厚无比。

巧的是，罗改强的邻居何文兵也要做冰岛熟茶。我到何文兵家的时候，他正在和工人收拾干毛茶，用大袋子将散茶装起来。他说，这批原料有春茶、秋茶和黄片，是自己和舅舅家合作——两家合作能够降低一点风险。他准备拿到勐海去发酵，选择竹筐离地发酵，50元一公斤的发酵费用。最后这批原料装了9袋，每袋20公斤。

对于熟茶发酵，陈财一直抱着好奇、尝试的心态认真对待，因为他在景迈的同学比较多，所以很早的时候他就组织很多同学、一人出一部分原料进行景迈古树熟茶的发酵。陈财说，运气比较好，所发酵的熟茶卖得还不错，并记录了其过程。正是有了这个基础，2017年的时候，远在山东的朋友（孙哥）问陈财想不想试一下冰岛熟茶的发酵，对方说费用由那边来组织、原料与技术由陈财这边把控。实际上，陈财听到这个消息的时候，还是非常兴奋的，因为对于熟茶发酵来说，选择冰岛原料是极具挑战的，具有足够的高度，自然，也具有足够的难度，所以陈财对朋友说“废了别怪我，也别心疼”。当然，那边是认可陈财的，不然也不会找他。

陈财找到冰岛的茶农阿发，并且阿发的媳妇也是澜沧县的，正是基于多年相识的基础，陈财邀请阿发一起进行冰岛熟茶的发酵，这样，一是可以把控原料的真实性，二是大家都想感受冰岛古树熟茶的魅力。最终，陈财选择了2017年5—6月冰岛老寨大小树混采生茶作为原料，共计168公斤，并立了一个小目标：尽可能保留冰岛老寨生茶的冰糖韵味。其细节为：潮水时间为2017年7月14号，起堆时间为2017年8月5号，总的发酵时间为23天；养堆时间为2017年8月4日至9月29日，总的养堆时间为25天；从下水到养堆完成，总共花费了48天；发酵熟度为6.5成熟，养堆结束后的袋装重量为120公斤，损耗为（168−120）/168=28.5%，成品率为71.5%。

陈财总结：对于生茶的品质而言，冰岛老寨是最高点，但对于市场大多数的人来说，冰岛老寨的熟茶并不可信，好在随着茶友的认知不断提升，对于高品质的熟茶需求越来越旺盛；如何保留生茶的特性？如何找到高品质的熟茶与市场的切合点？这些都是他需要去面对并解决的。对于发酵熟茶的毛料，他的标准并不低，其炒茶时间、揉捻轻重等都有自己的要求。好在，陈财所发酵的冰岛熟茶达到了预定目标，汤色红透，香气醇正，汤质饱满厚重，有顺滑度，且冰糖韵味足，颇具冰岛老生茶的感觉。

【陈财／供图】
作为一名制茶师，陈财对熟茶发酵也有自己的理解。

世昌兴之于冰岛熟茶，也很有代表性。冰岛一号熟茶是高明磊在2014年才决定在勐海发酵的，他说当时市场上还很少有顶级古树熟茶，不过当时已经有人在做小堆发酵的尝试了，世昌兴用冰岛原料来发酵也是为了给熟茶正名！因为当时熟茶意味着廉价、劣质、口粮，高明磊自己也从没有一款喜欢的熟茶，他说业内很多人都觉得就算要做出高端熟茶，也应该用勐海布朗山的原料，因为内质更丰富、苦底重，发酵出来很有风格。高明磊说很多人都认为冰岛茶只能新茶现喝，且过于柔淡，不适合发酵，所以也是为了赌气，最后将世昌兴库存多年的2010年冰岛春茶拿出一部分送到勐海发酵熟茶。

到勐海刚开始沟通的时候，高明磊并没有如实告诉发酵师傅这批原料是哪个产区的，担心出意外，因为当时冰岛茶已经很贵了，只是叮嘱发酵师傅认真做好。结果在发酵过程中，发酵师傅就反复提出这批原料内质足、糖分高，且工人翻堆的时候黏性太大，他判断是春茶、原料很好，于是他让高明磊放心，他有信心做出精品。

事实证明，这款冰岛熟茶打破了很多人对熟茶的认知，也让高明磊明白，以前市场上的熟茶缺少精品，主要原因还是在于原料；过去的很多茶企、茶商做熟茶，主要是为了流通，比较大众化，所以选料多以台地茶、级外茶为主，自然，也就做不出高端熟茶。

高明磊说："冰岛一号熟茶奇妙的地方就在于它保留了部分生茶时的花果香，生津回甘很明显，而且有喉韵，要知道这些特点在以往的熟茶中很少见到，具备一项就已经很不错了。"毕竟是发酵茶，生茶时的鲜爽感已经没有了，被醇香所替代。但这批茶2014年出堆后，高明磊又仓储了三年，直到堆味褪尽，才于2017年上市。

据徐小土说，"冰岛熟了"熟茶的发酵与压饼都是选择在外面，没有在冰岛村里。

云南的普洱熟茶发酵，勐海的确是走到了前列，有更成熟的经验，安全系数更高一些，且自成一派。张凯说他父亲（张华）从2014年开始，就去永德、勐海，跟熟茶师傅交流；张华说熟茶发酵的潮水（下水）比例很关键，即下水下多少，如果下水比例把控不好，就会导致杂菌多，对人的身体不好。而永德的熟茶也非常有名，应是临沧市最具代表性的了。

发酵熟茶，对水还是有要求的，勐海熟茶之所以经典，就与当地的水有很大的关系，这或许也是冰岛原料送到勐海发酵的原因之一。但勐库的水也不差，准确地说，是非常好。罗改强说他自己发酵熟茶，就是用冰岛的山泉水，是从山上的森林里流出来的。张华也说发酵熟茶的水很讲究，丰华茶厂是用南勐河的水，而过去，他自己还喝南勐河的水，直接饮用。

很多人是先喝过生茶后，才认识熟茶；但也有很多人最先接触的普洱茶是熟茶。胡继男最早接触的普洱茶即是熟茶，是广东那边仓储的熟茶，也是较早时候的湿仓茶，当然，现在广东的仓储条件已经天翻地覆了。他说是家乡去广东打工的人带回去的，开始的印象并不太好，最早也是把普洱茶当作药来喝，后来慢慢改变，通过熟茶知道了生茶，再知道了老茶。

2020春节前，我在雄达茶城遇到莫诗云，她还在猜我会不会喜欢熟茶，因为她自己喜欢熟茶，那天也想泡熟茶喝；后来她也冲泡了世昌兴的一款熟茶，口感确实不错。我告诉她，我喝了十年的熟茶，对熟茶还是很有感觉的，有一种时间的沉淀感，会莫名的喜欢。

【高明磊 / 供图】

对于冰岛熟茶发酵，
高明磊具有一定的代表性。

【张凯／摄】冰岛白茶

冰岛白茶：White Tea
清甜是一种自然，也是信任

采访了很多厂家、很多茶农，很少有制作冰岛白茶的，要想喝到存放几年的冰岛白茶，极为不易；在冰岛茶农家，能喝到生茶、熟茶，但真没有喝过白茶。其实，这也不难理解，就像李国建所说，用冰岛原料做白茶的很少，因为冰岛茶叶价格比较高，这一点就限制住了，一般要接到订单才会做白茶。张凯也说做冰岛白茶，原料单价高，不敢做出来存放，还是需要订单支撑。

2019 年 11 月，我第二次到勐库时，晚上无事，特意去找岳艳喝茶，因为我第一次到勐库时也去找过她喝茶，给我的印象极好——我只是随意地走进去、说明来意，意思是我不买茶，但她依然热情接待、主动介绍她所知道的信息给我，且整

【杨春 / 摄】

李学伟对做冰岛红茶、白茶很有经验。

个聊天过程中没有一丝的推销之意。不知道是不是我长得朴实，岳艳并没有怀疑我的目的，一直都以坦诚的心态与我沟通，我只想说：勐库太缺这样的人了！

岳艳第一次给我冲泡的是生茶，第二次给我冲泡的是白茶，浓郁的蜜香与自然的清甜冲淡了我出差的苦，很是感激她。因为第二次去的时候，她并不在店里，已经下班了，他们的老板知道我找她后，打电话给她，于是她冲回店里，事实上，那个时候她在家里照顾孩子。

岳艳说他们公司在山上（冰岛）有人的，是李学伟一个人常驻冰岛，负责做茶、接待客户。后来我到山上时，发现确实是他一个人，甚至我去到午一庄园的时候，都没有人，他带客户去看茶树了，等了一会，他才来，这真的需要静得下心来。

而应我的要求，李学伟也给我冲泡了白茶和红茶。李学伟从2006年开始做茶，他说："做白茶，各人有各人的工艺。鲜叶采摘回来后，要先摊晾，这一片叶子不能压到那一片。白茶有两种做法，一种是在阳光下晒，另一种是不能在阳光下晒，我也不知道哪一种好，不知道哪种做法才能把茶叶的本味做得更好。之前做过一点秋茶，是不见阳光的做法，鲜叶摊晾，直至干了后收起来。但没有对比过，所以也不好评价。"

彭枝华说：“做白茶的鲜叶不在阳光下晒通俗地称为阴干，阴干不刻意要求温度（要有多高），因为勐库的天气本来就很热；以前加工红茶的时候试过，感受过勐库气温对茶叶的影响，一到上午十点半、十一点，鲜叶就直接被晒红了，非常像烧红的，所以即使是鲜叶在阳光下晒，也应是亮瓦下晒，即专业晒棚里隔着顶上的那层亮瓦，但哪怕是这样，最后鲜叶晒出来的叶片颜色也多呈咖啡色、红色。”他说，“部分勐库白茶从叶片上看有些偏绿，但市场主流还是黑白色，阴干出来的茶叶多是绿色。冰岛白茶的香气比较特殊——清香、清爽，茶汤呈金黄色，很舒服。”最后，他强调说，“不管是做生茶，还是白茶，冰岛茶的特点就是甜，这个是其他产区无法替代的。”

石迎春说：“云南大叶种白茶跟福鼎白茶还是有区别的，前者的鲜叶水分含量比较高，采摘时要一芽二叶，这样持嫩度比较高，做出来的白茶香气才更好，条形也更漂亮。制作云南白茶时，鲜叶采摘回来后用簸箕装，一簸箕装 5 公斤鲜叶，然后萎调、均匀摊开。”她说，“要分季节，比如在夏季、秋季，因为是雨水天，就需要先萎调两天两夜，萎调好后，再拿出去晒半天，再到阴凉处阴半天，如此再重复一天，到第五天的时候就基本可以了；如果天气好、能暴晒的话，两个小时就要回来，然后阴干——

【高明磊／摄】

枝头上生机盎然的嫩叶，是很多人梦寐以求的冰岛茶。

【周江勇／摄】

石迎春选择临沧产区作为自己的原料基地。

白茶需要阴阳交替摊开，以此通过自然氧化，达到标准。”她曾带着客户去冰岛，而客户手痒，这棵树采摘一点鲜叶、那棵树采摘一点鲜叶，最后刚好做了两泡白茶，花蜜香很浓郁，云南名山白茶的特点也很明显——香、甜、软、细，更耐泡，内含物更多，苦涩度也更低，且余韵不减。

刘华云说：“制作冰岛白茶可以将云南早期月光白茶的工艺和省外白茶的工艺结合起来，轻萎调、轻发酵——既要阴干，又要轻度日晒，要把冰岛独特的地理环境（包括海拔、温湿度、昼夜温差等）与人为因素控制好，制作时间在72—100个小时。因为工艺简单，使得冰岛白茶保持了茶叶原有的清香味，兼具白茶的功效。原料的品质是关键而重要的一个环节，大叶种茶做的白茶内含物质更为丰富，所以冰岛白茶入口即甜，茶汤细腻而不腻人、有层次感，并且耐泡。”

【高明磊／摄】

雾蒙蒙，很多往事都消逝在岁月里，但希望能清晰我们自己前行的方向

2017 年的时候，张凯做过一批冰岛白茶，但是茶树的树龄不是很大，厂部只是做一次尝试，没有量产。他说：“冰岛白茶的外观看起来与福建白茶还是有很多的区别，冰岛白茶是一芽三叶的级别，黑白不明显，并且部分茶叶的外观有些泛绿。后来，品鉴的时候发现叶底近似于陈年老生茶的叶底，口感很容易接受，几乎没有苦涩，鲜爽度、清香与甜度都很高。我自己平时喝惯了普洱茶和滇红茶，本身胃寒，身体不是很接受（那批茶），喝了 6 泡后就觉得有点腻，所以后期又将这批冰岛白茶的散茶做成了龙珠，存放了一个月后再喝，汤水比刚开始喝散茶的时候更绵柔。因此我认为冰岛原料做成白茶是没有问题的，但需要做成紧压茶，不要马上喝；通过时间的沉淀，等茶叶中较强的刺激性物质转化后再喝，这样汤水会转化得更加淳厚，会获得更好的品饮感受，这对于冰岛白茶来说，也更值得。当然，如果要在当时喝就很容易入口且绵滑的话，工艺的改进也是可以提升，这个是技术层面的东西，我父亲张华先生更有话语权。”

【高明磊／摄】

古茶树上的孩子，
冰岛古茶山未来的主人

彭建民没有选择冰岛老寨的原料做白茶，而是选择了南迫老寨的原料。他说："制作冰岛白茶全程需要8天的时间，萎调时采用薄摊，即用纱布网或者摊笆摊开，尽量散、尽量薄，选择自然的风阴干；晚上萎调，上午10—12点以前，晒一个半小时，然后拉回去，放于通风阴凉处。第二天晒的时候，依次的时间会减少，但不能暴晒——半天时间就晒干了，不然会阻断发酵过程，只需阳光微微的晒一下，以此走一点水分。制作白茶阴干为主、日晒为辅，持续的时间在7—8天。冰岛南迫老寨的白茶介于月光白和福鼎白茶之间，不用萎调槽，在自然阴干的过程中有一个轻微的发酵，以此保证各方面的均衡，这样能带来口感的舒适与愉悦，并且有自然的花蜜香，也有微发酵的香。"

彭建民说，"这样做出来的冰岛白茶所保留的活性比较好，存放三年后才更好喝，其间是一个陈化与自然醇化的过程。"

冰岛红茶：香与甜，依然是独特之处

black tea

说起红茶，如果仅限于云南产区的话，临沧市凤庆红茶是知名度最高的，其次是保山市昌宁红茶；但这并不影响其他产区红茶的存在，尤其是名山红茶，有顾客喜欢并接受，就有其市场与基础，而冰岛红茶即是这样的一个代表——小众而高端，量少却又不能忽略。

在冰岛午一庄园的时候，我也让李学伟冲泡冰岛红茶给我喝过，是秋茶做的红茶，香气跟冰岛生茶还是有区别，跟凤庆红茶的更不一样，带着蜜香，很舒服，让我这个不喜欢传统红茶的人都愿意多闻一下、多喝几杯。传统的红茶，远远闻到其香，我便已没有任何兴趣，甚至是排斥，我实在无法忍受那种高香。

李学伟说：“冰岛原料做的普洱生茶是柔、甜、回甘快而持久，如果原料做成红茶，甜度会更好一些；冰岛红茶的香气跟冰岛生茶的很接近，是天生的，这与原料有关，跟凤庆的红茶不一样。凤庆的茶种适合做红茶，而外界对凤庆红茶的认可还是比较高的，且工艺上也有独到之处。”或许是因为长期做茶、熟悉了这一行，他说无论是做冰岛红茶还是其他地方的红茶，工艺上都大同小异，只是一些细节上的处理不同。对于冰岛红茶的制作，他说鲜叶采摘后，从茶园带到厂里进行摊晾，必须是薄薄的一层，不能堆、不能厚，每一个芽尖、每一片叶子都不能重叠，不能被压到；摊晾的时间要看采摘鲜叶的鲜嫩程度和当时的天气、温度来决定，摊晾时看茶梗能不能掰断、有没有韧性；达到一定程度后再用揉捻机揉捻，后面就是发酵，有专门的发酵箱，现在随着工艺的进步，8—9个小时后茶叶就会散发出一股红茶的特有的香味，这个时候也就可以停止发酵了；最后是甩条，做成完整的条形，这样条形好看——卖相好，直至晒干为止即可。

李学伟认为晒红茶是茶叶发酵后，在太阳下直接晒干；烘红是烘干，天气不好的时候就比较适合。冰岛这里，春茶价格太高，用春茶做红茶不划算，多是选择夏茶或秋茶做红茶，刚好是雨水季，气候上对茶叶制作有影响，所以过去的时候老一辈茶农会用炭火烘干。他说炭火烘干的红茶，香气上要比晒红香得多，但那种香气不是茶叶原本的香气，如果长时间存放的话，香气会弱，而晒红茶通过后期转化，香气要比烘红好一些。

彭枝华说："现在很多茶农都没有烘干机，只有少数茶农会将茶叶拿去做烘干处理，所以冰岛红茶更多是晒红茶，而不是烘红。如果口感上要香润的话，还是要烘一下更好。"云章茶厂虽然没有做过冰岛红茶，但从2013年开始，就做勐库其他产区的古树红茶，一直坚持到现在，其产品在回甘生津方面不错，且彭枝华也喝过冰岛晒红，他认为冰岛晒红入口确实比其他地方的晒红都要甜，入口的甜感很明显，也是最独特之处，回甘也不错，其他方面与其他红茶大同小异，他说，"在香气上，挂杯香还是蜜香，毕竟是冰岛的原料，但叶底还是有红薯香，可能与临沧产区的整体水土有关。冰岛晒红的甜、柔都不错，并且冰岛原料做的红茶，其汤色特别透亮，可能还是与原料有关，质感比其他红茶都要明显。"

【杨春／摄】
冰岛红茶茶汤。

【杨春／摄】

冰岛红茶叶底

张凯说，前几年冰岛原料没有现在这个价格高时，买过几吨原料，做了普洱生茶、红茶，自己稍微赚了点就转手卖掉了。

杨绍巍说，他父亲（杨国成）试制过冰岛红茶和冰岛白茶，他自己也品尝过，觉得甜度高、汤质细腻，但量少，没有出品。他个人认为冰岛（原料）延展的茶类不错，有条件的话可以做。

彭建民选择冰岛南迫老寨的原料做红茶，他认为纯手工做出来的冰岛红茶更好喝，只是更多花一点时间：顺时针或逆时针揉捻，要反复揉捻一个半小时，揉捻—抖开—再揉捻，这样能破坏茶叶的细胞壁、茶汁能出来，最后再发酵；一般发酵5个小时，闻上去，茶叶已散出白花香、类似玫瑰蜜香时，恰好在不能出现红薯香时进行纯日光晒干，但不能烘焙。这样做出来的冰岛红茶没有青草味，茶叶开始就有花蜜香。因为是轻发酵，且不能重发酵，要留有转化空间。最后，晒干冰岛红用密封带封好放纸箱里发汗存养3个月，再放入建水紫陶大缸里存养3个月，之后才能进行销量。

冰岛茶膏：任性的尝试是生活的乐趣

Tea cream

我第一次喝茶膏，是在中古茶堂，觉得很奇妙，那么一丁点茶膏，竟然可以冲泡出那么多且好喝的茶汤，但那是十多年前的事了。后来再喝茶膏，是在蒙顿，是在云南首届普洱茶膏研讨会暨清朝宫廷茶膏（复刻版）品鉴会上。再后来，也是在蒙顿喝的次数多一些，多是煮着喝，而贡润祥的茶膏也喝过一次。最近一次喝茶膏，即在冰岛老寨，在何文兵的家里。

在距离茶树最近的地方喝茶膏，我觉得是一个不错的选择，从绿色的茶叶到褐色的茶膏，这是一段与众不同的旅程，传统与现代竟如此交集，却没有丝毫的违和感，仿佛穿越了时空，有时候想想都觉得不可思议，但又在冰岛冬季的风中、在茶膏与沸水的交融中以及与茶农的交流中、俸勇平抽水烟筒的声响中感知到真实。

【何文兵 / 摄】

冰岛茶膏制作

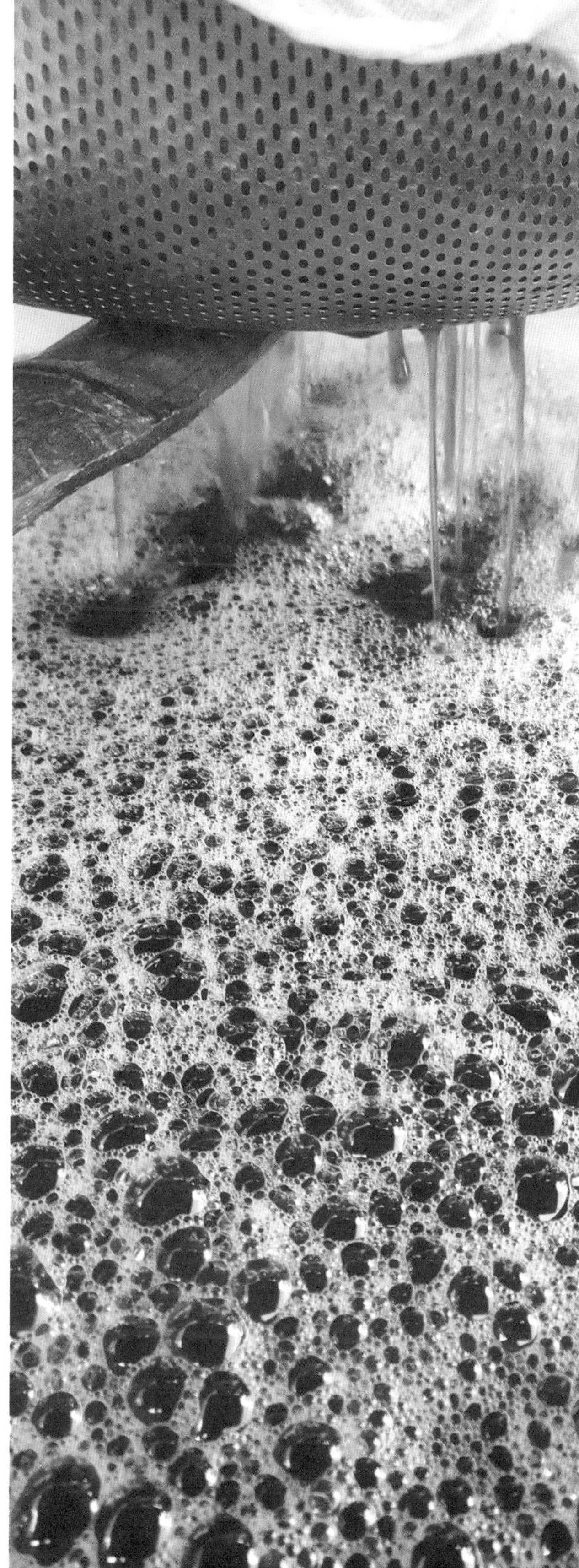

何文兵说，他自己是冰岛老寨第一个做冰岛茶膏的，第一次做的时候属于尝试性，做着玩，失败了就失败了，所以做的比较少，只用了2公斤干毛茶，匀堆后用了100多斤水，熬了十个小时，最后收获了200克茶膏。他说虽然看着比较粗糙，不精致，但还是成功了，所以后来再做的时候就增加了量。他拿给我看的茶膏，就是后来做的，是一大块的膏体，深琥珀色、偏黑色，很像一块麦芽糖，虽然没有厂家做的那种小巧精致，但却有茶膏最初的模样，符合我的想象。

彭枝华曾喝过临沧原料做的茶膏（不是冰岛茶膏），可能是他习惯了功夫茶，始终觉得茶膏没有茶叶冲泡出来的好喝，觉得（茶膏）味道要偏淡一些。他说茶膏要煮着喝才香，如果是直接冲泡，会很难喝出它的香味。

2009—2010年的时候，茶膏是市场的热点，云章茶厂也尝试着做过，选择勐库大叶种茶熬制，熬得比较透，出来的茶汤比较浓稠，需要不断地过滤，把那些杂质过滤掉，浓稠度特别高的时候呈膏状，冷却后就是茶膏的原始形状，就像麦芽糖。彭枝华说："茶膏如果推给消费者，可以根据大小、形状来决定模具，那最后出来的产品就比较好看，也方便冲泡或者煮。"

茶膏的口感取决于最原始的原料，差的原料不可能做出好的茶膏。彭枝华说："现在不太可能用冰岛的古树春茶来做茶膏，不然太奢侈了；最近几年，冰岛茶比较火，一些不太合适的原料——比如秋茶、黄片，就可以积极利用、做成茶膏，这也是一个不错的选择。"他说，"刚熬出来的茶汤不够透亮，但和普洱茶一样，放一段时间后还是会转化的，会更好喝、更醇。茶膏是浓缩的精华，甚至可以作药，上火的时候用5克茶膏冲泡着喝，可以去火，但前提是要生茶熬出来的茶膏，当然，生茶熬出来的茶膏，颜色也是偏黑。"

【何文兵／摄】

冰岛茶膏制作。

何文兵问我认不认识做茶膏的厂家，认识的话帮他问问愿不愿意帮他做一点冰岛茶膏。刚好我认识一位昆明的朋友做茶膏，后来也打电话问过，但婉拒了，不知道是嫌量少而不划算，还是因冰岛茶价格高而担心风险高，抑或是不接外面的单。何文兵撬了一小点茶膏冲泡给我喝，在投茶前，他让我要注意看，说茶膏在沸水里很容易化开、变化很大。我也确实紧盯着看，生怕错过那一刻。茶膏入沸水，开始溶解的速度不快，到后面明显加速，其过程如水墨丹青般美妙，如墨汁跌落在水里，温柔地绽放。其实我很想说，我还没看够，再来一次！

【杨春／摄】

冰岛所产之蜂蜜

蜜

冰岛蜂蜜茶：蜜味远逝，只剩一杯鹅黄 Honey tea

第一次到勐库采访，我的第一站即是丰华茶厂，彭枝华带我过去，说张华是勐库茶发展的重要经历者。不知道是不是纯属巧合，还是张华心情高兴，他竟给我们冲泡冰岛蜂蜜茶，这完全超出我的意料。

蜂蜜茶【杨春/摄】

张华给我们冲泡的冰岛蜂蜜茶是2008年的时候做的，用密封袋密封着，到现在已经将近十二年，很是难得。张华说："当时制作冰岛蜂蜜茶也只是实验，因为之前有人往茶里加蜂蜜，有往鲜叶里加蜂蜜的，也有杀青后再往茶叶里加蜂蜜的，所以称为蜂蜜茶；一般量都很大，成本有点高，当时蜂蜜是三四块钱一斤，并且还不好卖，现在好一点的蜂蜜已经到200元左右一斤，没有人往茶叶里加蜂蜜了，但有些地方还会往茶叶里加白糖，喝起来只有白糖的甜味，不好喝。过去除了加蜂蜜外，还有加螃蟹脚的。"

张华将整袋密封的冰岛蜂蜜茶拿给我，让我打开闻一闻，还有一点蜂蜜味，只是已经有点淡了。他说当时做了十多公斤，因为是实验，做的不多，后来一人拿去一点，到现在就只剩下一斤多了。而我手里拿着的那一袋，他说放了十年后才第一次打开，刚刚打开的时候散发着浓郁的蜂蜜香，喝的时候也有蜂蜜味。我只能说自己来迟了，没赶上。但这并不影响我现在喝上一杯，毕竟也不是每个人都有机会喝一杯超过十年的冰岛蜂蜜茶，错过不划算。

蜂蜜味确实太淡了，只剩下冰岛茶本来的甜及其愉悦的香，流淌着整个口腔，不浓烈，但悠长，留给自己慢慢地回味。而汤色也格外赏心悦目，呈鹅黄色，如静夜时温暖的明月，没有一丝的杂质，纯粹而明媚，如同行走在油菜花盛开到天际的春天里。茶汤表面有一层轻轻的油光，泛着岁月的美好与生活的希望。

【杨春/摄】枝头上的嫩叶

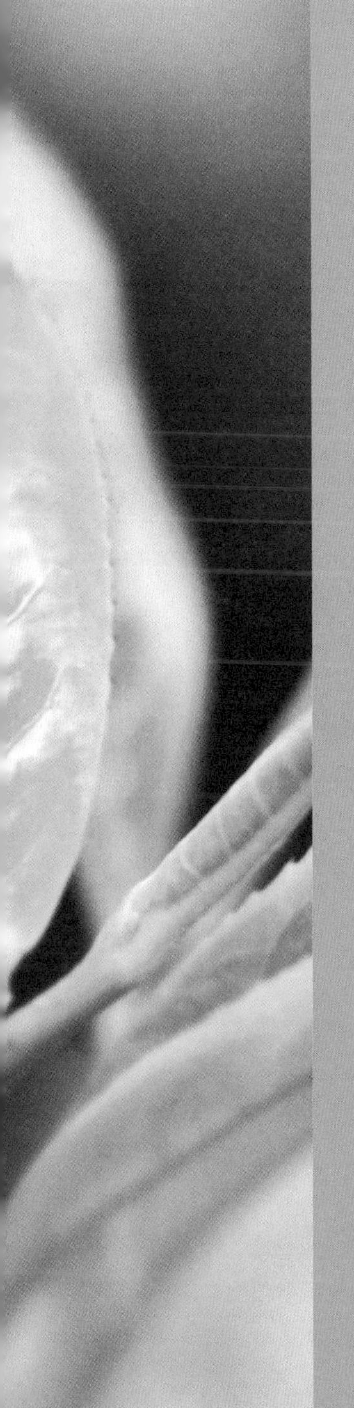

冰岛茶要什么样的工艺制作才好喝？

本篇以冰岛普洱生茶为例，因产量稀少、价格昂贵，普洱生茶是冰岛茶的消费与制作主流，普洱熟茶、红茶、白茶及茶膏产量较少，其工艺环节不在本文的讨论范围之内；地域范围也仅限于冰岛老寨，未包括南迫、地界、坝歪、糯伍；本文讨论的工艺制作包括初制与精制。

世人眼中的好茶，也是心向往之的好茶——冰岛茶，无论你选择何种冲泡方式，或者如何在意、讲究，它终归是要从茶树上采摘下来，然后经一系列的工艺制作而成，之于现在冰岛茶的珍稀程度与受追捧程度，每一道工艺都显得格外重要；并且，需要经历至少两种温度的考验，其一是炒茶，其二是晒干，既有人为的高温因素，也有阳光的自然因素，才能升华成一杯追随者桌上的普洱生茶茶汤，才能回味它的甜与香——独一无二而让人恋恋不忘的甜，持久、悠远而让人痴醉的香。

摘 pick

采摘：一芽三叶、灵活与冬茶

去了很多茶山，茶树上的鲜叶总会让我放慢脚步，它们的嫩绿、轻盈与柔美总会让我忍不住多看一眼；再枯燥、艰苦的茶山出差与田野调查，也会因茶树上的鲜叶变得平静，看它们的生机盎然，也是一种收获——专业知识自不必说，心的安宁与静美却是厚重的礼物，且无法言说，这是属于自己的礼物。

不管多顶级的茶空间，里面的普洱茶叶不管价格如何高昂、外界如何追捧，都是茶树上的鲜叶经一系列的工艺而得来的。而采摘，鲜叶离别茶树、来到初制所，正是这系列工艺的第一步。

采摘也不是什么时候想采就采，先人还是依据节令、气候与茶树的特点等方面以及采摘标准、采摘方法进行了总结：

双江在立春以后，气温逐渐上升，茶叶开始萌发。春分节令，芽尖已长到一芽一叶，部分长至一芽二叶，便可采摘。清明节令是春茶采摘旺季。3 月上旬开采，到 11 月下旬采摘结束，一年可采摘 25 次。全年分春、夏、秋 3 季采摘。采摘以一芽一叶、一芽二叶、一芽三叶为原料。多年实践，茶农随科学技术的发展，对茶叶质量的要求，坚持采高留低，采大留小，采内留侧。按标准留叶，采摘必须留一片真叶或鱼叶。坚决不采芽包，不采鱼叶，不搬马蹄，不搞一扫而光的采摘方式。实行科学采摘是茶叶增产的重要措施。鲜叶下树后，要堆放在荫凉地带，堆放厚度要适度，不能强力挤压。集中加工的鲜叶，运送时间不宜过长，以免水份蒸发过多使鲜叶变黄而影响茶叶的质量。[4]

又：临沧地区茶叶生长期，因环境、品种差异而有萌发期迟、早之分，大部分地区由 3 月中旬至 11 月中旬止约 250 天。个别低海拔地区，如耿马孟定、勐撒，沧源勐省，镇康凤尾、南伞等地则从2月中旬开始直至12月中旬均有茶叶可采，生长期长达 300 多天。

【高明磊 / 摄】
采摘古茶树鲜叶，还是需要爬树的。

茶叶开采时间受气温、降雨和中耕施肥因素影响，临沧地区多数种植勐库、凤庆等云南大叶茶种，发芽较早，一般二月中旬即可开采，春旱之年，则会推迟到三月上、中旬。采摘周期随季节而变化。春茶隔 4—5 天采一批，夏茶隔 3—4 天采一批，秋茶隔 5—6 天采一批，全年可采 30—40 轮次。[5]

---

[4] 双江拉祜族佤族布朗族傣族自治县志编纂委员会．双江县志 [M]. 云南民族出版社，1995：244—245.
[5] 临沧地区地方志编纂委员会．临沧地区志・中 [M]. 北京燕山出版社，2004：110.

彭桂萼曾这样记录过双江的茶叶采摘：

> 每年共可采摘三次：第一次在春季，名为春茶，数量极多，品质也最好；第二次在夏季，名为二水茶，数量占次位，而品质最劣，因此时不便暴晒，多用火炕干，故茶味中有烟火气；第三次在秋季，为谷花茶，质量较优于二水茶，而数量最少。茶是有“贱脾气”的，你越摘它，它越发茂，所以，每株茶每年产量约可有三四两之多。采摘的工作多是由妇人当任的，每季采茶期至，你便可以看见她们背负篮筐，伫立在茶树丛中，一尖尖采下嫩叶，摘去老叶。

但时代总是在发展的，结合现实来看待或许更客观，今天的茶农传承了一部分先人的总结，但也适当作出了一些调整。

普洱茶的鲜叶采摘，并不一味追求芽尖，多以一芽二叶、一芽三叶为主，冰岛茶的鲜叶采摘依然如此。董太青说：“过去勐库产区最标准、也是最传统的采摘是西半山，只要一芽二叶。采摘后，剩下的马蹄（形状如马蹄的叶子，称为‘马蹄’）是要摘掉的——从茶树上采摘后扔掉。坚持这种标准的好处是，西半山采摘的鲜叶和东半山采摘的鲜叶混在一起都能分得出来：哪些是西半山的，哪些是东半山的。”他说，“如果不按这种标准来采摘鲜叶，就容易出现一芽三叶，甚至是一芽四叶，会影响品质。”

不赞成一芽一叶，也不赞成一芽四叶，太嫩或者太老都不理想。

现在，传统已然变了。张华说：“勐库产区的鲜叶采摘没有太多的规范，对开叶（没有芽尖）、一芽一叶、一芽二叶、一芽三叶都采摘；不赞成纯粹的一芽一叶，因为做出来的茶叶涩味要浓一些，不是那么好喝；冰岛茶的采摘还是一芽二叶、一芽三叶为主，看客户而定。”张凯说：“冰岛茶的采摘标准，如果滋味感要强一点的话，一般是一芽三叶。而一芽二叶的嫩度高、香气好，但涩底相比一芽三叶要重一些。”

【杨春／摄】

标准的一芽二叶还是很吸引人的。

持类似观点的还有刘明华，他认为普洱茶后期的转化需要靠茶叶中丰富的内含物质，所以普洱茶采摘标准还是建议在一芽二叶到一芽三叶，以保证鲜叶的持嫩度为佳，此时茶叶的成熟度、内含物质已经达到最佳状态，不赞成一芽一叶，也不赞成一芽四叶，太嫩或者太老都不理想。

而刘华云还提到了一个非常关键的因素：价格与成本。他说："现在冰岛老寨的鲜叶采摘多以一芽三叶为主，甚至有的到了一芽四叶，不是不可以做到一芽二叶，而是代价会非常昂贵——现在一芽三叶都这么贵了，如果采摘的是一芽二叶，那市场上的价格会更恐怖，会有很多人喝不起。"张凯说："如果鲜叶采摘适当老一点，也压秤一些。"我在冰岛老寨调查时，接触过秋茶的鲜叶和冬茶的鲜叶，确实觉得部分鲜叶偏老，与我自己所期待的鲜叶标准有一定距离。

何文兵说："过去是看加工条件采摘，以前没有好的加工厂，如果哪天进来（寨子）的茶商给的价格高，就赶紧采摘；现在，主要是一芽二叶、一芽三叶，如果要更有味道的话，还是建议一芽三叶。"他补充说，"现在也是看实际情况采摘鲜叶，除了价格，还有'看茶采摘''看天做茶'，要看实际的情况，包括天气、鲜叶的嫩度、客户要什么茶。如果天气不好，连续四五天的阴雨，就适合做白茶，因为做白茶要阴干，不能完全暴晒，而晴天就做手工茶，采摘就需要量身定制，所以实际生产中（采摘）没有一个完全统一的标准。"

对于冬茶的鲜叶采摘，我自己就非常惊讶，不是说不采摘冬茶吗？我将此事说与昆明的朋友，他们也格外惊讶。对于我的疑惑，罗政强告诉了我答案，他说："冬茶不采摘还不行，不然第二年发出来的茶叶不好喝，只有第二年从小芽里发出来的茶叶才好喝；其实冬茶的量也很少，可以归为茶园的管理——与其修剪后扔掉，不如卖掉，多少还能换回一些钱。”而张晓兵也说：“茶树是一种受刺激的植物，不采也不行，过度采摘也不行。”

采摘鲜叶是一件苦活，不但需要技巧，还需要耐心，并不轻松；但采摘工人依然乐观以对。一直专注于双江地方文化研究的浦文高在《采茶调（一）》[6]中做了生动的描述：

正月里来采茶忙，茶叶嫩来茶叶黄；
小脚弯弯爬茶树，小手纤纤采茶忙。
二月里来采茶忙，身背箩筐来上山；
采得鲜芽箩筐满，男女老少喜洋洋。
三月里来采茶忙，男女老少来帮忙；
去到茶山茶有价，去到花山开白完。
四月里来采茶忙，赶起骡马下茶山；
粗茶细茶采两驮，不图找钱串地方。
五月里来采茶忙，采茶人多又好玩；
吃茶想起茶山坝，玩笑想起爱玩山。
六月好采二水茶，抓住节令莫放塌；
说起钱来也得用，说起生活也板扎。
七月里来采茶忙，三亲六戚来帮忙；
采上鲜叶又有价，卖得金钱用不完。
八月里来采茶忙，隔壁邻居来帮忙；
采茶采到茶花败，男女老少齐上场。
九月里来采茶忙，茶叶落脚要收场；
茶叶落脚茶起价，茶叶农户用不完。
十月里来采茶忙，茶叶黄黄人又忙；
吃着茶水多回味，嘴上甜来心上甘。
冬月里来采茶忙，说到青茶黄又黄；
说起青茶采完了，说起农活又要忙。
腊月里来采茶忙，挖下茶地大伙忙；
为了明年打基础，明年采茶更好玩。

[6] 浦文高．啊咿哟——双江民间调子 [M]. 中国文史出版社，2015：8—9.

【廖波/摄】

刘明华长期深耕勐库产区，熟悉勐库茶各小微产区的细微差别，并实施于加工工艺中。

Spread out

【摊晾：时间与厚度】

“过刚者易折”，这高深莫测与务实兼具的人生之道不止适用于我们，还同样适用于普洱茶制作，比如摊晾环节，就无比的贴切与鲜活。摊晾，是让离开树梢的茶叶失去一定的水分，让叶片（鲜叶）变得柔软，这样更适合加工（后期一系列的制作）。

刘明华说：“摊晾也称为摊青，是指鲜叶在采摘之后，应及时按一定厚度将鲜叶在簸箕、篾笆或摊晾槽内均匀摊开，使鲜叶表面水分挥发，直接呈现柔软、不脆状态，这个过程称为摊晾。”对于摊晾的厚度与时间，刘明华认为以鲜叶底层不聚集热量为准，摊晾的时间根据气温情况、摊晾厚度、鲜叶老嫩程度来决定。气温高、摊晾层薄、鲜叶嫩度高，则摊晾时间短；气温低、摊晾层厚、鲜叶嫩度低，则摊晾时间越长。一般摊晾至鲜叶达到最佳软化程度时开始杀青（炒茶）。李国建说：

【李兴泽/摄】

鲜叶的摊晾，不能厚，也不能薄。

“摊晾需要在自然状态下，时间则要具体看鲜叶的摊晾程度，有的需要大约半个小时，有的需要三个小时，比如树龄不一样、天气不一样，不能一概而定。”

需要特别注意的是，一旦茶叶离开树梢，就要及时摊晾。刘明华说：“采摘的鲜叶应尽快摊开，避免鲜叶被闷到产生酶促氧化，导致叶片发红。”在彭枝华的记忆中，就发生过类似的事情，十多年前他收购原料（鲜叶）卖给勐库戎氏，有一次因为排队的时间过长（赶上茶叶集中采摘的时间点，收购原料的中间商比较多，当时勐库收购原料的工厂比较少），来不及摊晾，导致“茶叶烧心”——竹筐里中间的鲜叶温度较高，叶片发红，最终达不到普洱茶原料的交易标准，无法售卖。因当时勐库产区加工普洱茶的厂家特别少，只能转而卖给做红茶加工的厂商，但好歹是卖出去了，不然损失更大。2018 年，我在版纳龙成号的倚邦茶园基地调查，就发现因茶园基地距离初制所较

【高明磊 / 摄】

质感，也可以用来描述一片茶叶，透着油亮、光泽与浓浓的绿意。

远，工人将采摘的鲜叶背到公路边后，龙成号负责人得赶紧想办法将鲜叶摊开，避免温度过高，还要避免日光直接暴晒。

对于摊晾的目的，刘明华说：“可以脱掉鲜叶中的部分水分，使鲜叶变得柔软（不枯，不脆断），在杀青过程中不容易脆断。”他也同时说，“摊晾不是萎调，无论是‘摊晾’还是‘萎凋’，都需要将鲜叶在竹篾、簸箕或萎调槽上摊开，调整合适的厚度。二者的目的都是使得鲜叶中的部分水分散失，使鲜叶变得柔软而达到不同的制茶标准。但二者的实质还是有很大的区别。普洱茶杀青前的脱水方式是摊晾，而非萎凋。摊晾环节

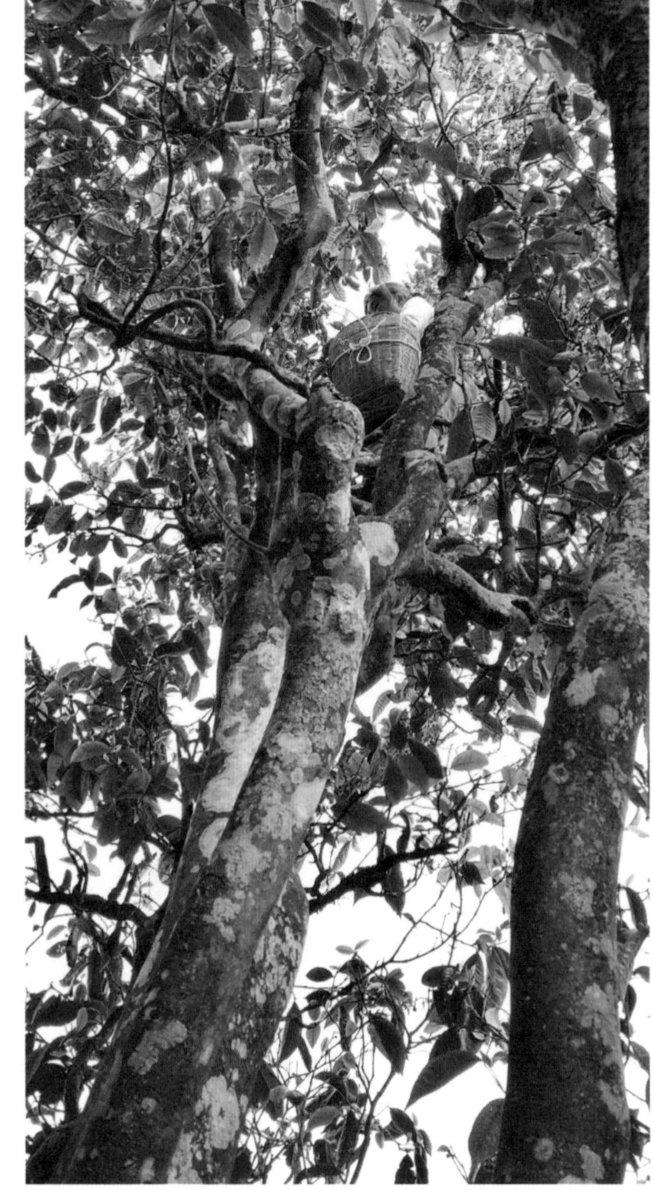
【高明磊/摄】
人在茶树上，人在仰望中

只是单一的物理方面失水，如果摊晾过度就会变成萎凋，萎凋除了物理失水，且鲜叶内含物质开始有了化学反应而产生发酵。普洱茶后期存放靠的是后发酵，如果萎凋就存在后发酵，这对普洱茶后期存放来说是致命的。”

摊晾这个环节，欲速则不达，不能急，也不能太过（时间太长），需要恰到好处。彭枝华说：“鲜叶采摘回来后要及时摊晾，叶脉中多余的水分会轻微的转化；当摊晾的鲜叶散发出花香，一阵一阵地传过来，在花香浓郁的时候就要赶紧炒茶，只有这个时候——花香最浓郁的时候——摊晾结束、开始炒茶，才能够最大程度地将冰岛茶的原香保留下来；而掐住的这个时间点做出来的冰岛茶是最甜的，如果错过这个时间点，做出来的茶可能就会偏涩。”他说，“茶叶从摊晾到揉捻，其中涉及的萎调槽、揉捻台（竹篾），都要干净，且最好离地80厘米左右。始终坚持干净卫生的初制，才能做出放心的冰岛茶，毕竟是入口的东西，自己这一关要过得了。”

谢秉臻认为采收回到加工点的鲜叶要及时抖散、静置摊凉，鉴于冰岛鲜叶持嫩度高、芽梗壮实的特点，摊晾厚度不宜薄、寸掌为宜，且需要轻抖茶青，以此减少芽叶碰撞受损。

张馨月认为采摘完新鲜茶叶后，就要尽早开始普洱茶的制作过程。需要注意的是新鲜茶叶采摘完毕后不能在箩筐或是袋子里放太久，否则茶叶会因为潮湿捂太久变质而影响做出的茶的品质与口感。

当然，当下与过去的条件还是有区别的，这也是历史。张华说：“在计划经济时代，勐库镇一个村有一个大的初制所，而大户赛村有3个初制所，因为大户赛村委会有3个自然村，都产茶。”他说，“过去在五六月份，摊晾时，鲜叶是放在竹席（竹篾）上，然后一层一层地往上铺开，最下面放一盆木炭，用炭火的温度来进行鲜叶的萎调（当时的工艺相对落后）。1996年后就开始用萎调槽，原因是木炭越来越少，而用萎调槽不但方便，还能提升茶叶的品质。”也是在2018年，我在版纳勐海县后月茶厂考察时就感受到了萎调槽的便利性与专业性，木质、下面通风扇，且能活动，最大限度地保证了茶叶的品质，且能节约大量的人力成本。

【高明磊／摄】
一朵花的绽放，一座山的春韵。

Fried tea

炒茶：技术活，也是体力活

炒茶，又称为“杀青”，是普洱茶初制过程中最核心的工艺。“青”指鲜叶，杀青就是破坏鲜叶组织，普洱茶的杀青只是抑制、钝化鲜叶中酶的活性，同时除去鲜叶青味、散发香气，增加其柔软度，以利于揉捻。对于炒茶这道工艺，彭桂萼写到：嫩绿的茶叶一篓篓运送回家以后，就把它倒入大铁锅里，反去复来地炒拌，等水汽蒸发了出来，茶叶已瘪软下去，即撮出倒在院里的篱笆上。

刘明华说：“炒茶就是将摊晾好的茶叶炒熟，炒茶要求对火候和时间的控制要恰到好处。炒茶时采用抖闷结合的方式，使鲜叶均匀失水，使每一片鲜叶都杀匀杀透。炒茶的目的是通过高温钝化酶活性，制止多酶类化合物发生酶促氧化；蒸发茶叶内的水分，使茶叶变得柔软，更利于揉捻；挥发青草气，促使茶叶中芳香物质的形成与转化。”

【罗静／摄】

炒茶，是一门手艺，熟能生巧。

谢秉臻说：“炒茶就是将摊晾达标后的茶青用纯火高温炒制，翻抖结合，匀稳去除水气、青味；保留住茶青的鲜活度、色泽，做到无焦片、糊点，翻炒达到熟透甜香型出锅。”

张凯说：“鲜叶采摘回去后——从茶园到厂里的这段路程，其实也是一个脱水的过程，去掉部分水分，茶叶的香气最主要还是在杀青里，我们所闻到的果香、花香都受杀青的影响。”

很多朋友到茶山，到初制所，如果赶上制茶，都可能会先关注到炒茶这个环节，也都非常感兴趣，有一种跃跃欲试的念头，甚至有朋友会真的参与炒茶、制作一锅属于自己的普洱茶。但炒茶是一个很辛苦的活计，确实是技术活，但更是体力活，很考验一个人的体力、耐力，对一个人的身体素质有着极高的要求。对于感兴趣的朋友来说，可能炒一锅茶就是极限了，我不止一次看到炒茶师傅挥汗如雨的场景，很敬佩他们。

张凯说："对于高端茶，一般会选择小锅炒茶，一锅就炒五六市斤[7]鲜叶；连续炒五六锅就要选择休息了，不然后面炒的茶叶品质就不稳定了。春茶的时候，茶山夜里两三点、三四点的时候，还灯火通明，异常热闹，因为那个时候还在加班加点炒茶，确实是一件很辛苦的事情。

炒茶，这道工艺是普洱茶制作中最消耗体力的一个环节（其次是揉捻）。鲜叶大量采摘的时候，不采不行，而采摘回来后，不及时炒也不行，所以那个时候要给炒茶工人买红牛、啤酒，让他们喝，一是保持一定的体力，二是保证头脑清醒、不能睡着了。但人的身体承受能力终究是有极限的，到最后，连续奋战到夜里四五点，人（炒茶工人）的眼睛是闭着的，可双手还是在继续炒茶。问题是，炒糊了也不行，尤其是冰岛鲜叶，谁都受不住这个代价，所以手工炒茶是相当考验人的体力的，一年最苦最累的时间就是三四月份，即春茶季，基本都是通宵。

冰岛鲜叶，在炒的时候，摸都能摸得出来，因为比其他产区的茶叶更柔软。"

[7] 1 市斤 =0.5 千克

 Fried tea tools

炒茶工具的变化：从平底锅到斜口锅

冰岛茶叶炒制的变化，折射了冰岛茶价格的变化，或者说，冰岛茶价格的变化促进了茶叶炒制的变化，最直接的改变即炒制工具的变化：从平底锅到斜口锅，再到滚筒杀青机的复出……

罗改强说：“父辈在以前炒茶是用炒锅，即铁锅，特别薄，可能是因为散热快，也可能是因为当时只有那种铁锅。”

罗改强的父辈，从年龄上来说，可能与张华比较接近。张华说：“在计划经济时代，炒茶是用煮猪食的锅，猪食煮好倒出，然后把锅洗干净，再用来炒茶，一口锅一次能炒20—30市斤鲜叶。”对于用煮猪食的锅拿来炒茶叶，字光兰也提及过，她说过去所使用的锅用途非常广泛，可以煮猪食、炒茶，还可以用来煮饭，当然，前提就是要洗干净。这与当时的社会发展有着密切的联系，局限于经济收入的有限、家庭需求的多样化——锅只有一口，但事情要做那么多！

字光兰所说的多用途锅，就是他们过去日常

【杨春/摄】
现在，
炒茶已经全部普及为使用斜口锅。

的平底锅，口径在2.8—3.2尺[8]，直径超过1米，一口锅一次可以炒10多市斤鲜叶。至于与张华所经历过的一口锅一次能炒20—30市斤鲜叶，应该是规模的不同，即张华是在勐库镇上做茶，量大一些；字光兰是在山上做茶，因只限于自己家的茶，量要少一些。

勐库镇关于锅的多功能用途，与我在西双版纳茶山所采访时得到的信息基本一致，所不同的是，西双版纳在过去是习惯支三脚架炒茶，在山脚下即可进行，并且具有普遍性，包括布朗族、哈尼族与拉祜族都曾使用过三脚架炒茶。

彭枝华说："在2009年的时候还不知道用斜口锅，还在坚持用平底锅。"这或许是外界的新鲜气息还没有吹到勐库，至少，斜口锅还没有成为勐库炒茶的主流。但据张华回忆，2004年后，勐库镇的做茶人就开始讲究炒茶锅了，有了专门用来炒茶的锅。

让彭枝华无法忘记的是用平底锅炒茶的时间长了，腰会疼，尤其是繁忙的春茶季，会疼一段不算短的时间。而这，也是平底锅最大的缺点——长时间弓着腰炒茶比较辛苦，很伤身体。他说炒一锅、两锅还能忍受，炒多了，谁也受不住，哪怕是年轻小伙子，身体也吃不消。对于这一点，我们是能想象的，但凡去过茶山，亲眼见过炒茶或者自己体验过炒茶的人，都会有非常深刻的理解，炒茶完全是一项体力活，很考验人的，即便是使用当下流行且比平底锅更方便的斜口锅。

[8] 1尺=1/3米

物竞天择，自然界中的物种如此，聪明的人类自然也如此，当专业的斜口锅慢慢传入勐库，当地人也很快认可了斜口锅，谁都喜欢更轻松一些的炒茶工具，相比平底锅，后者更方便，也更有利于身体健康。现在，勐库的每一家初制所，哪怕是最简陋的私人初制所，都标配了斜口锅，即我们所说的炒茶灶台。

张华说：“滚筒杀青机在 1982 年就出来了，刚好是改革开放后几年。”这在过去的云南绿茶时代、红茶时代，尤其是对勐库的红茶时期有着巨大的价值。张华说，“勐库的手工茶在 2003 年左右开始出现，手工做茶一晚上能做两三百公斤，还非常辛苦；但用滚筒杀青机，一晚上就能做两吨多。”现在，滚筒杀青机也有存在的价值，因为在采摘夏茶、秋茶的时候，尤其是坝区茶、台地茶、小树茶，产量巨大，使用滚筒杀青机的好处是能快速杀青、节约人工成本，比较实惠，毕竟，春茶、古树茶才有手工制作的待遇。

在我 2019 年 10 月份到勐库的时候，曾在云章茶厂见过滚筒杀青机，附近的茶农将茶叶鲜叶拉到厂里，廖福芳负责将茶款付给茶农，廖福安则在晚饭后将鲜叶杀青，所选择的就是滚筒杀青机。这也不难理解，秋茶本就不那么值钱，也只有进滚筒杀青机的命了。

当然，现在所推行的炒茶方式并不敢断言是终点，尽管是手工炒茶与滚筒杀青机并用，相对来说已经很包容、有弹性；或许未来某一天，因市场导向变化，冰岛茶叶的炒茶工具说不定还会再变。

【罗静/摄】

斜口锅使用起来，
对人的身体更有益处

Fried tea tools

炒茶工具的变化：从“抓抓”到双手

与炒茶锅相配套的是搅拌茶叶的工具，姑且称为铲子；有锅有铲，缺一不可，才能将茶叶炒制。

刘明华说：“最早的时候是用铲子——木柄与金属的结合，总的长度在一米左右；跟‘抓抓’相比，铲子的优点是可以抄底，相比‘抓抓’，铲子搅拌茶叶要更均匀一些，但缺点跟使用‘抓抓’一样，都会破坏茶叶鲜叶的完整性，都不是炒茶理想的工具。”

铲子之后，“抓抓”才登上历史舞台。

我第一次到冰岛老寨，采访到的第一位茶农就是字光兰。我最早接触到“抓抓”，即是与她的采访中获知的。她说：“炒茶的时候不用手，是用竹子制作的工具，当地人称为‘挂钩篓’（音译）。这需要找一段合适的竹子，需要有自然的分节或者说节点，像爪子一样——天然的加工起来才方便，稍微修理一下即可使用；并且，粗细要适中，方便人们的使用，太粗不行，太细也不行。”过去，冰岛老寨竹子多，就地取材，不需要买，也就节约了钱。

因为他们所看中、所需要的这段竹子的节点，形状像爪子，所以又形象地称为“抓抓”。字光兰说：“使用‘抓抓’是一门纯粹的技术活，如果掌握得好，也能把茶叶炒得非常好；如果技术不熟练，那所炒的茶叶就会出现两种情况：有的熟，有的不熟。”

当时对他们来说，以手为铲来炒茶，是闻所未闻、不可思议的。对此，我们或许可以说，冰岛茶农还是很懂得利用自然资源的，也很爱惜他们的双手。乙说用抓抓炒茶，优点是避免烫手，但缺点是翻炒不均匀。

罗改强说：“使用‘抓抓’炒茶的时代，制作‘抓抓’的材料除了竹子，还有树，只要构造相似、粗细合适，都可以加工成‘抓抓’，原理是一样的。”而我们在现实生活中开玩笑的时候，也经常会说“把你的‘抓抓’（手）拿开”。

【董太青/摄】

过去勐库茶农炒茶用的工具——“抓抓”

让我惊讶的是，罗改强还创造性地使用筷子炒茶，提前准备好2双筷子，一只手拿1双，分开、交错。开始我没理解，还特意让他比划一个动作，后来看他比划，也就一目了然。

李国建说：“后来人们用金属制作的‘抓抓’替代了用竹子制作的‘抓抓’，使用了大约一年的时间；因为使用金属‘抓抓’，感觉会影响茶叶的质量，所以就放弃了，并且，使用金属‘抓抓’炒茶，声音特别大，在与铁锅的无休止的碰撞过程中所发出的声响，也不那么悦耳。”再后来，也迎来了斜口锅的春天，迎来了手工制茶的春天。

彭枝华说："在2009年之前，整个勐库的制茶人，都是使用平底锅、'抓抓'炒制茶叶，云章则在2015年，才放弃'抓抓'炒茶。"

而用"抓抓"炒茶的弊端也非常明显。彭枝华认为，这不能很好地控制炒茶时鲜叶的水蒸气的挥发，做出来的茶叶口感比较闷，很难有冰岛茶特有的鲜爽感。刘明华认为，使用"抓抓"炒茶会带来搅拌不均匀的缺点，并且底部（锅底之上）的叶子容易弄坏，带来叶子不完整的缺陷，而这，对于现在挑剔的消费者来说，是不能容忍的。对于过去的这段往事，我们当然也会包容了。同时，刘明华也认为用筷子炒茶的原理跟用"抓抓"是一样的，其缺点还是容易把茶叶子弄坏掉，导致卖相不好。

遗憾的是，我在冰岛老寨采访时，特别想一睹"抓抓"的"芳颜"，竟无处可寻。当地人说，那种东西后来淘汰掉，就随手扔了，当柴火烧了。后来我在勐库镇丰华茶厂采访时，董太青说："我家还保留着一根，勐库戎氏那里现在还保留着这种传统炒制茶叶的方式——平底锅和'抓抓'。"我忍不住大喜。

temperature

最佳锅温多少度？每个人都在探索

冰岛茶鲜叶杀青，锅温多少度合适？

这个问题放在过去，或许都不是问题，因为茶叶价格低，不会像现在一样挑剔、苛刻；锅温高一点、低一点好像都过得去，前提是炒出来的茶叶说得过去，至少保证能卖得出去，而不会被客商嫌弃。但现在，这是一个马虎不得的问题，尽管每个茶农、每家厂商都有自己的客户群体，都会渐渐形成属于自己的一套标准，但谨慎、力求更好则是不容怀疑的，探索最佳锅温也是被认可的、被鼓励的——炒制出来的茶叶价格高不说，传出去还是一件很有面子的事情。

【杨春 / 摄】

罗政强为我演示筷子炒茶

【杨春 / 摄】

坝区茶或夏茶的待遇是机器炒茶

张华说，锅温在260℃比较合适，有的也会到350℃；罗政强说，炒茶的锅温是凭手感来掌握，一般的铁锅锅温是在300℃左右；李国建则认为锅温在400℃比较合适。相同的是，李国建也习惯用手去感受锅温，他补充说，尽管后来有了科学的仪器可以测量锅温，但这种方式也有一定的弊端，即整体的锅温实际上是不一样的，锅底（锅心）与锅的中上部在柴火的加热下呈现不一样的温度，而茶叶鲜叶在不同的温度下也会产生不同的受热结果，会带来不一样的茶叶品质，所以李国建认为这个科学测量仪器并不科学，还是用手感来掌控锅温更加靠谱。

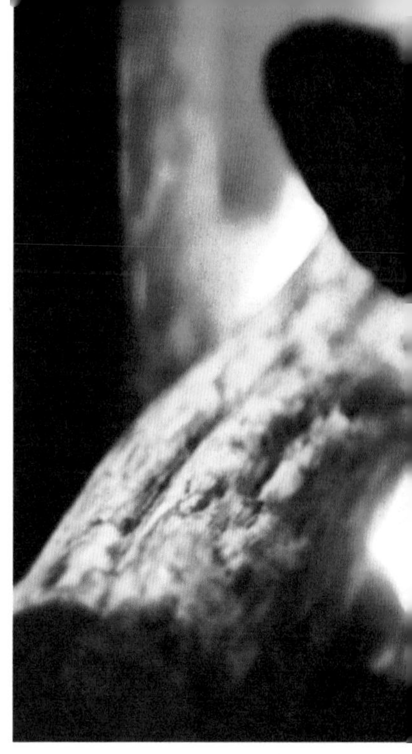

对于锅温，彭枝华说没有具体测量过，但在实战中还是总结出了经验。罗静曾听他的外婆（廖福芳的母亲）讲过，锅温过低的话，会把茶叶炒变质了，甚至会产生臭味；锅温太高的话，则容易把茶叶炒出豆香味，类似于碧螺春绿茶的烘青味。刘明华说，如果锅温过低，茶叶容易在锅内变红，出现红梗、红叶，茶叶杀青不足的情况；如果锅温过高，容易将茶叶炒焦、炒糊，茶饼面看起来偏红或偏黄、偏灰，不均匀，冲泡出来的茶汤浑浊，茶底不油亮，茶汤喝起来有火味、糊味，重泡后甚至会锁喉，同时杀青温度过高会杀死茶叶内的酶活性，存放后的茶，香气流失很快，滋味会一年比一年薄。

不管哪一种，对于冰岛普洱生茶来说都是不能被接受的。这就需要一个度，当柴火烧起来，他们可以用手感知锅温，据此灵活掌握，这样反而是最靠谱的。云章茶厂的第二代茶人对于锅温的掌握则诠释得更为鲜明、生动：“锅温要辣，而‘辣’，即手放在锅上方（与锅底保持一定的距离）有热辣辣的感觉时，此时，茶叶鲜叶放进锅里最为合适；炒茶叶的时候，要认真、专注，要用心体会，仔细观察，能听到鲜叶与高温之上的铁锅接触的声音——‘踢踢踏踏’声，清脆而有活力。这是茶叶的蝶变，是一次涅槃，透着欢快、喜悦，制茶人听到这个声音就比较开心。”

对于这种声音，我自己也很熟悉，经常在茶山跑，总能遇到炒茶的情景；这也是各地初制所最热闹、最忙碌的时候；所以听到这种声音，我也会觉得很亲切。彭枝华也认为，炒茶时要听得到这种声音才踏实。

【杨春／摄】

古树春茶的待遇是传统炒茶，柴火要旺。

对于炒茶时间，李国建认为最低为25分钟，而衡量茶叶有没有炒熟的一个重要标准就是看茶梗有没有炒熟。他说，如果需要后期转化好的话，可适当掌握——不用炒太熟，适当保持生（与“熟”相反）一点，这样有利于普洱茶的后期转化。

张馨月认为炒茶的温度应该在摄氏180℃以下、炒茶时间在8分钟左右，温度与时间都需根据实际投茶量、茶叶嫩度、水分含量等因素做调整；完成后，正常茶叶叶色由鲜绿转为深绿或墨绿即可。

彭枝华说：“炒茶的时间没有一个固定的标准，要具体依据所收到的鲜叶而定，如夏、秋时候的古树茶鲜叶芽叶肥壮、含水分较多，炒茶的时间就会适当长一点，相比之下，炒春茶鲜叶的时间就会适当短一点；并且，茶树‘害’（土壤肥力不够、阳光不足等多种原因所导致的茶树长势不好，云南方言称为‘害’，与人的形体消瘦、精神状态不佳颇为神似，而土壤肥力不够的土地也称为‘害地’或‘地害’）的鲜叶叶片瘦小而薄，炒的时间也会稍微短一点。”刘明华认为杀青一般遵循“老叶嫩杀，嫩叶老杀”的原则。

Fried tea with hands

【光手炒茶与无法言说的手感】

斜口锅取代了平底锅，人们的双手也取代了各种材料制作的“抓抓”——灵活自如、敏感的双手才是炒茶的终极“抓抓”，没有之一。

彭枝华始终不认同戴手套炒茶，尽管炒茶时温度较高，一般情况下生手，尤其是细皮嫩肉且第一次接触炒茶的人，是不敢光手去体验一把的，其实我也不建议选择那份好奇，能在炒茶师傅旁边感受一下炒茶的过程便已很好，最起码对普洱茶的工艺有一个基本的了解，有助于自己喝普洱茶，这应是很大的收获。

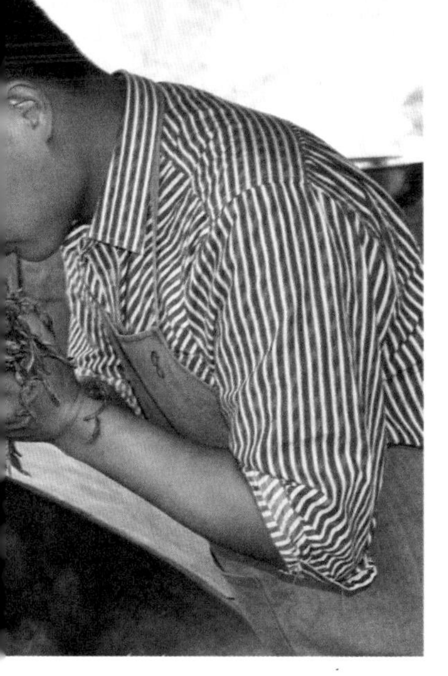

彭枝华说：“戴手套没有光手炒茶好，手的皮肤以及皮肤上无数的触感更细微，更能及时、有效而真实地感知茶叶的变化。因为，鲜叶在高温下每分每秒都在变化，迅疾而明显，所谓的需要掌握的程度也瞬息万变。只有光手，才能充分地接触鲜叶每分每秒的变化，也才能灵敏、及时地捕捉到这种变化。”

彭枝华认为光手炒茶与戴手套炒茶有着很大的不同：

一、光手炒茶能有比较明显的手感，最直观的就是在炒茶时能判断一锅茶的原料的好与坏，手与鲜叶直接地接触能分辨出原料的品质优劣与否——好的鲜叶有好的粘手感，好的鲜叶是有分量的，有坠手之感，而不好的鲜叶则显得有些轻。如果炒茶时遇到好的原料，晒茶的时候就会作一个记号，反之，遇到不好的原料，也会作一个不同的记号。这也算是在炒茶时甄选了一遍原料，更为把稳些。

【罗静／摄】

双手，才是炒茶的最佳工具。

二、高温下的鲜叶与皮肤之间隔着手套，感知茶叶的变化会有迟滞，会错过最佳时间，在争分夺秒的炒茶过程是不能被接受的。

【罗静／摄】

光手炒茶非常考验做茶人的综合素质。

三、炒茶的时候，会产生较多的水蒸气，这就需要抛着鲜叶炒，以此在这个过程中快速地把多余的水蒸气挥发，同时，不能让正在炒制的鲜叶的温度冷却。这也需要光手的灵敏度，包括感知与抛鲜叶的速度。

四、光手的作用，还体现在需要及时感受到在炒茶过程中鲜叶的温度变化，如果鲜叶温度过低，会容易出现红梗、红叶；这不仅影响茶叶的美观度，也会影响茶叶的口感。只有熟练掌握好炒茶的温度、均匀地炒茶，最后制作出来的茶叶才会呈现清透、舒爽之感。

五、因为手套的相隔，皮肤不能真实地感知鲜叶的变化，导致想要的炒茶程度与实际的程度有一定的误差，而这，又往往是决定一款茶品质上乘的核心因素，尤其是名山古树茶，毕竟，很多市场上受追捧的名山茶的特点也是极其细微的，可也正是因为这份细微，此名山茶才区别了彼名山茶。

六、光手炒茶还有一个作用，即在快收锅的时候，顺便能调一下香气。

七、光手炒茶能感知茶叶鲜叶在高温下变化的过程，能够适时散温，这样炒出来的茶叶，其鲜爽度是非常高的，而这，也正是冰岛普洱生茶的一大特点。终端的消费者喝下去时，茶汤是鲜活的，不是死板的；而掌握不好炒茶的温度、时间等关键因素，炒出来的茶在喝时，则没有这种鲜爽感，是呆滞的。

那鲜叶炒到什么程度能出锅呢？一是茶梗要熟透，二是炒到最佳程度时，茶叶叶脉会散发出蜜香味，能明显地闻到这股蜜香味，那就表示可以出锅了。

李国建也认为徒手（光手）炒茶比较好，手感更能敏锐地捕捉到炒茶时的细微之处。

【高明磊/摄】
戴手套炒茶能避免高温对皮肤的刺激，这是非常常见的。

Knead

揉捻：细节处，微妙处，回味处

普洱茶制作中的揉捻环节，是一项体力活，也是一项技术活，需反复揉捻，需认真以待，也需要体力、耐心，同时也需要技巧、掌握一个度。目的是促成茶叶物质的转变（内在的变化）以及让茶叶的条索紧致成型（外在的变化），通俗地说，要达成好喝又好看的目的。至于这个“度”该如何掌握？每个制茶人都有自己的理解，但很多时候，所谓的理解并不能用言语表达出来，而是出自于实战中经验的总结——熟能生巧。

罗改强说：“冰岛茶叶过去是揉捻 2 次，有的是 1 次，目的是为了让茶叶的茶头更细一点，条索更紧。”

李国建说：“茶叶炒过后，先摊晾一下，再揉捻。”他说，“每个步骤都不一样，做出来的味道也不一样；揉捻的程度不一样，口感也不一样；揉捻的时间要具体看茶叶，最后茶叶呈条状，就可以拿去晒了。”

刘明华说：“杀青好的茶叶出锅后，要及时将茶叶摊晾在篾笆或簸箕上，待茶叶冷却后开始进行揉捻。揉捻时根据茶叶的老嫩程度、杀青质量来决定茶叶的揉捻时间和力度。而揉捻的目的就是将松散的茶叶卷曲揉捻成型以及破裂茶叶细胞壁，有利于茶汁的渗出。”

谢秉臻说：“炒制好的高热茶青需要轻揉、抖散后，再次摊晾；待芽梗部的水汽回输到叶面，叶梗水份充匀协调时，以手工或手工机械相结合进行先轻－后重－再轻的重复揉捻，揉出叶面胞膜破壁充分和芽梗柔软完整的条形。”张馨月说：“传统制做以手工进行揉捻，依茶菁粗细，分粗揉与复揉二次，特别是针对梗枝部分着重二次复揉。也可以用机械式盘式揉茶机处理，而后再人工进行部份加工或挑拣。”

张凯说：“现在整个勐库都有好多种不同的工艺，有的制茶师是看客户需求来提供工艺技术，我们一直还是坚持传统工艺，当然做茶不能千篇一律，也要看茶做茶。比如，有的茶如果揉捻不够，最后呈现的茶叶就是一片一片

揉捻过度，茶汤中会产生棉絮状。【杨春／摄】

的，较为散，不成条；如果叶子老一点，大部分就成为黄片了；有的茶叶嫩度高，揉捻时间太长，破损程度就高。”对于机器揉捻与人工揉捻的得失，张凯认为机器揉捻的茶叶，其条索可能比人工揉捻的更好，而手工揉捻的条索更大、更均匀。所以说机器是标准度高，铁锅手炒没有标准，古树茶还是建议用手工制作，两者区别在于作用力不一样。检验的重要标准是回甘生津是否快，持久性有多长，有没有体感，其次才是苦与涩，不苦不涩（的茶叶）可能带来的回甘生津也欠缺一些。

何文兵说：“如果要汤色好看的话，茶叶揉捻后稍微发酵一下。”他补充说，“如果要汤色清亮，发酵时间短一点，半个小时左右，具体要看散在地上的茶叶

的厚度；如果要汤色黄亮，发酵时间长一点，按十公分的厚度来算，要发酵两到三个小时。”

彭枝华说：“手工揉捻，会根据春夏秋冬来区分，出锅的时候，如果炒得太干，还是会捂一下，有一个轻微的发酵，然后才能揉捻。揉捻的过程很重要，要先抖散炒好的茶叶才能继续揉捻，否则会出现鸡屎团，类似于小疙瘩状。揉捻时，要特别注意方向，比如顺时针方向，一旦定下来，就只能朝着一个方向揉捻。因为有的人是左撇子，而更多的人多习惯使用右手，所以才会强调一开始就要注意方向，选定一个方向（顺时针或者逆时针），就必须坚持到底，不能一下子左边、一下子右边。方向如果乱了，就会影响茶叶的条索形状，也会将条索揉坏，并且茶叶的杂质也会比较多。如果类似这种情况反复几次，就会破坏茶叶的完整性，因为此时，茶叶还是相对湿的状态。

而沿着一个方向揉捻出来的茶叶，冲泡出来的茶汤会干净、透亮，相信没有人会喜欢一杯浑浊且杂质较多的茶汤。

茶叶揉捻好后，还要抖散；在这个环节中产生的碎末，也要及时一道剔除，尽量在每个环节都认真，不能想着还有下一个环节可以处理。这样，到消费者手里的茶叶，就能趋于完美了。”

在彭桂萼的记述里，双江普洱茶的揉捻环节也是很有意思的：……即撮出倒在院里的篾笆上；男妇老幼，大家用手搓揉，茶叶多数团揉成卷条，又把它拌散了来暴晒。借日光将水分驱散，成了

【高明磊/摄】

手工揉捻，是普洱茶传统工艺中重要的一环。

半干；又复收集起来加揉一次以后再洒开晒干，即装入大竹篮待价而沽。有些能搓揉到三五次的，则茶叶即细致悦目得多，但多数只揉两次，甚有卡瓦、摆夷妇女有时因手搓吃力，竟有掠起筒裙用脚来助一腿之力的。

记得2018年9月，我在西双版纳州蛮砖古茶山雨林古茶坊的基地，夜里十一点时，他们正跪在地上揉捻竹篾上的茶叶，只是两锅茶，汗水已湿透了他们的T恤，而灶台那边，还有他们的同事正在炒茶，唯有工作结束，他们才能休息，因为，鲜叶是不能放到第二天的。

当然，现在能让人们用双手揉捻的茶叶，都是好茶，比如冰岛、古树茶、春茶；至于小树茶等，则没有这个待遇了，等待它们的，是效率极高的揉捻机。

2019年11月下旬，我在冰岛老寨一户茶农家随手抓了一颗冰岛龙珠（普洱生茶），就在他们家的茶室自己冲泡，因需随时出门，就冲泡好倒入我的大茶杯中，以此方便外出采访、调查时喝到茶，至少不至于口渴。但让我意外的是，装满茶水的大茶杯中有很多棉絮状的东西，缓缓地沉落，很均匀，甚至从视觉上来说，还透着一种层层叠叠的美感，为此还特意拍了照片。

后来，我拿给寨子里的茶农看、发图片给昆明的朋友看，无一例外，他们都说这是揉捻过度了。彭枝华说，茶汤里有棉絮状的东西，是因为揉捻过度；那天刚好到冰岛老寨找朋友玩的外地茶农李富鸿也认为是揉捻的时候揉伤了；张凯说，是揉捻时揉得过度，茶叶的叶面破损的缘故；罗政强说，是揉捻的时候将茶叶的枝条上的皮（类似于保护膜）揉得脱皮了，所以产生了棉絮状物质。

揉捻，这普洱茶制作的一个细节，竟如此重要，且呈现得淋漓尽致，好与不好，都能看得出来。

【杨春/摄】

机器揉捻，往往针对小树茶、坝区茶以及夏茶。

Sun fixation

晒青：自然晒干，唯独阳光

晒青是形成普洱茶后期品质的关键环节，在自然的光热作用下，叶温升高，茶叶开始慢慢干燥、转变。刘明华补充说，晒青是指普洱茶的干燥方式为太阳晒干，利用太阳光的温度使茶青中的水分减少，而非杀青方式；晒青时将揉捻好的茶叶均匀撒在簸箕或篾笆上，撒的茶叶宜薄不宜厚。

谢秉臻认为应尽量室外均摊、日光晒干，若天气原因有影响，可雨棚晒干，但要注意通风透气。张馨月认为揉捻完成后，直接均摊在竹席或水泥晒场，以日晒干燥为宜，日晒加热一般不会超过40℃。如果干燥不完全，将会使茶菁过度发酵，甚至可能产生发霉现象。干燥完全的青毛茶，即晒青毛茶，色墨绿或深绿，叶身较薄者为略带黄绿色。

2018年9—12月，我在版纳各大茶山考察时，就经常看到晒青的场景，很多茶农、初制所将揉捻好的茶叶进行晒青，绝大多数都是在专业的场地上进行，有密封的空间，也有露天的场地。篾笆比较少见，更多的是簸箕，体型较大，或者放在地面上，或者放在提前摆放好的竹竿上。当然，随着普洱茶产业的发展，现在有了更专业的晒青空间。2019年10月底的时候，我在云章茶厂就

专业晒棚越来越常见【杨春 摄】

看到了更为专业的初制所，一楼为炒茶、揉捻的场地，二楼为摊晾、晒青的场地。二楼宽敞而明亮，四围都是田野，西半山扑进眼底。在晴天，阳光绝对充足，而即使是阴天，也能保证一定的光线与温度，因为场地构造较为科学，周围的窗户可以很方便的打开，也可以关上，没有异味，没有虫蚊，更没有家禽，非常干净。因为场地较大，也带来了量产的可能性。

至于说为什么一定要自然晒青，刘明华认为只有在自然的阳光下，才能保证温度低（合适），也才能最大限度地保留茶叶内的酶活性和有机物质，同时也为普洱茶长期存放——“越陈越香”——创造了潜在的活力；如果是烘干（烘青）或者炒干（炒青），温度高，那茶叶内的酶活性和微生物等物质被杀死，后期就没有转化空间。

而关于晒青的时间，刘明华说整个干燥过程在太阳光较强（温度在25—35℃）的情况下，晒青时间可在4—6小时内完成；李国建说，当晚炒的茶当晚晒，到第二天晚上就可以干了。这取决于天气，有“看天吃饭”的意思。冰岛老寨的地理原因，带来了阳光不是暴晒，而是相对柔和些，所以需要的时间也相对长一些。

关于青毛茶的制作，当地县志有简单的记录：将采摘的鲜叶，经杀青—揉捻—干燥等工序。采摘下树的鲜叶，先放入铁锅里煎炒杀青，除水30%左右。然后倒在簸箕或篾笆上摊凉，稍干后用手工揉捻成条索，放在阳光下照晒。干至6—7

成，反复揉捻，使条索圆润。复揉工序和阳光照晒，对青毛茶质量有直接关系。春茶一般只复揉 1 次，夏茶和秋茶第一次揉捻稍加用力，第二次复揉时不宜用力过重。经过多次复揉的青毛茶，阳光照晒干后，条索乌润，芽尖呈银白色（习称白芽口），滋味浓郁，鲜爽回甜，是上等茶。完全干燥后的青毛茶，要拣剔老梗、老叶、黄叶和杂物，分等装袋保管即成。

明清至民国时期，青毛茶制作全靠手工加工。20 世纪 50 年代以后，随机械工业的发展，开始使用揉捻机、烘干机等机械，代替人力加工。1980 年实行联产承包责任制以后，多数个体茶农，仍沿用手工制作加工。[9]

又：散茶即俗称黑茶或晒青茶，其制法是将鲜叶放入铁锅反复以两手或木棍搅拌，炒约十数分钟，待茶叶水份经相当蒸发，发出微香而柔软时取出揉捻。揉捻方法：以双手按茶叶于竹摊笆（或簸箕）上，用力旋转，直至茶叶卷成条状，然后抖散摊薄于太阳下，待干至五成，再行揉捻一次。复晒至八成干，便可出售。如遇雨天，多不制茶，已制还未干者，则置于室内，任其风干。亦有徐徐焙干者，但为数不多。[10]

【李兴泽 / 摄】

用簸箕晒茶，似乎更有画面感。

[9] 双江拉祜族佤族布朗族傣族自治县志编纂委员会 . 双江县志 [M]. 云南民族出版社，1995：245.
[10] 临沧地区地方志编纂委员会 . 临沧地区志 · 中 [M]. 北京燕山出版社，2004：111.

Pick and suppress

【挑拣、蒸茶与压制】

晒干之后的茶叶，就是晒青茶，也叫干毛茶、干茶、毛茶。晒干之后的晒青茶不能立即制作饼茶，中间还有一个过程，即挑拣黄片。2019 年 10 月到冰岛的时候，就遇到赵玉学的母亲在挑拣黄片，而我在她家喝的就是黄片，味道也不差，刺激性极低，汤色红浓。李国建说：“在 2015 年之前，如果到（冰岛老寨）茶农家里，黄片基本不会收钱，都会白送，但现在黄片也卖钱了，400—600 元一公斤。而冰岛黄片也被制作成砖茶或饼茶出售，像昔归黄片一样，市场上有一定的追随者。”

谢秉臻说量少的茶青以手工挑拣即可，量多的茶青可用手工加机械结合挑拣、分选。张馨月说茶叶挑拣（分级），是将晒青毛茶依芽毫多寡、心叶比例，或以单叶大小筛分等级；冰岛茶还是建议人工方式挑拣为宜。

黄片挑拣完成后，晒青茶即进入压饼的程序，首先是蒸茶，用蒸汽高温蒸茶，使其变软，这样方便压制，不会将茶叶弄碎。张凯说对水质有一定的要求，当然，这个不仅针对冰岛茶，哪里的茶叶都一样。范和钧在《创办佛海茶厂的回忆》

【杨春／摄】

挑拣黄片，很需要耐心。

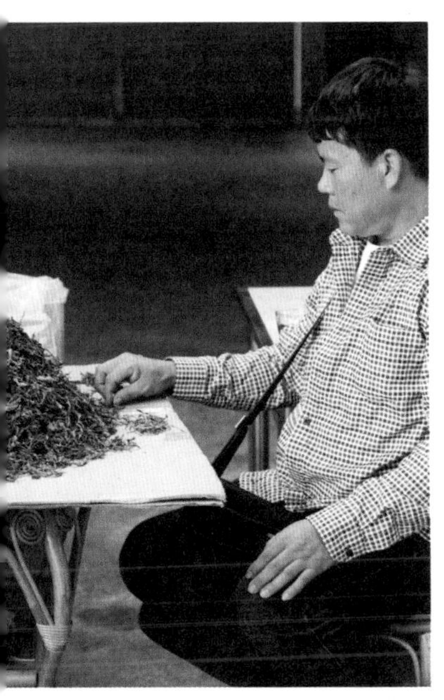

一文中记录到："紧茶制作并不复杂。每年冬季将平时，收购积存的干青毛茶取出，开灶蒸压后，装入布袋，挤压成心型，然后放置屋角阴凉处约四十天后，布袋发微热约40℃左右，袋内茶叶则已发酵完毕，解开布袋，取出紧茶，再外包棉纸，即可包装定型。"

谢秉臻认为生茶在蒸汽环节时间不宜过长，蒸软即可，压制不宜过紧；熟茶在蒸汽环节时间可以稍长、以匀透便于制形为主。张馨月说："如果是要制作生饼茶，那就再经紧压成型，成为紧压生茶饼；如果是想要做熟茶，则需要再经过生散茶经人工发酵、洒水渥堆工序，即为熟散茶，再经紧压成型，成为紧压熟茶饼。"

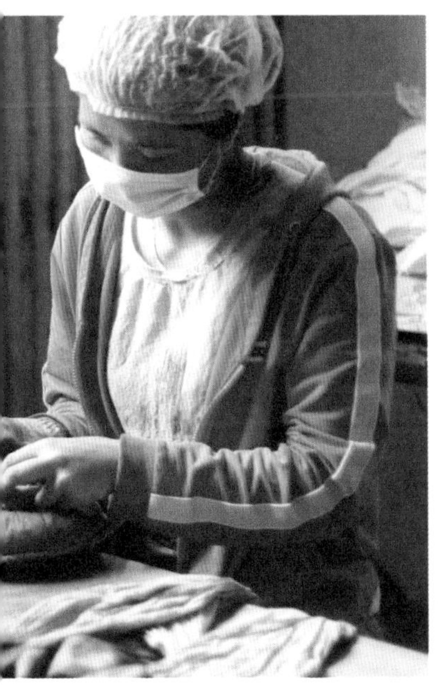

【杨春／摄】

压饼，有好几道工艺组成。

冰岛普洱茶的压制形态，和其他产区的普洱茶一样，以饼茶为最，其次是砖茶、沱茶；还有少量的会做成龙珠茶等，方便即时冲泡，也颇为雅致、有趣；至于散茶出售，则较少。在过去，散茶紧压之后方便马帮长途运输，现在也传承了这一压制形态，且有利于后期转化。

彭桂萼曾记录双江的茶叶精制：上述的制法（晒青毛茶），手续极为简单，卖样更属陋劣，但在双江，十分之九都在墨守着这样的老法子。说到精制，如紧团茶、白毛尖茶之类，不过极少数人的偶尔一试而已。所谓紧团茶，就是将粗制出来的散茶取其较细者放入甑子中蒸软，取出微加捏合，即用布袋之类包起紧压，就其黏着性，干后即呈扁圆、碗圆等形，作为交际送礼及长途携带，都非常便利，只可惜做的人太少。

 Dry

晾干：阳光与风，必要且充足的时间

蒸压完毕的普洱茶含水量较高，为了防止发霉变质，需要晾干之后才能保存。这道工艺看似不重要，但也不能掉以轻心。2019 年 9 月，我在芳村采访时，卢耀深给我讲过一个事情，那是好几年前，临沧茶企在地方政府的组织下到芳村参展，就在中心馆，勐库茶企与消费者现场互动、演示普洱茶的压饼工艺，就有人出钱买了散茶，在茶企工作人员的指导下亲身体验一把普洱茶的压制工艺，最后带着自己压制的普洱饼茶心满意足地离开了。过了一段时间，那个人找到卢耀深，问："怎么在中心馆买的普洱茶发霉了？是不是茶叶质量有问题？"原来，是他将压好的饼茶带回家后，没有及时晾干，加上广州的天气因素，最后导致饼茶发霉。

唐庆阳在《黑茶通史——兼记民国茶事》中写到晾干环节："做好沱茶，因经过蒸汽，内中湿气，一时难干，阳光照晒，易于热霉，须置于自然通风之处，使之风干，一二日后即行包扎。"其实，不止是沱茶，包括饼茶、砖茶都需如此处理，否则容易霉变。

【罗静 / 摄】

完全干透的饼茶，才有利于保存。

晾干这个环节，需要阳光，需要自然的风。彭枝华认为冰岛茶等高端系列茶，要坚持在阳光下自然晒干，晒得越干，茶叶后期就越香。他补充说，自然光晒干会更好，不要隔着玻璃，这样茶叶的清香、自然香比较足。当然，还得通风。现在，对于晒干场地都比较讲究，会确保不受污染。行走于云南的茶山，我也经常能见到这样的场景，一饼饼压制好的普洱茶在露天下，在架子上晾晒，蔚为壮观，也让人欢喜。而有的厂家则喜欢在通风的室内进行晾干，饼茶铺在一排排木架上，也是一景，很是诱人。

晒干这个环节，还需要必要且充足的时间，不能“节约”。彭枝华说：“有的茶农认为晒半天就可以收回去，其实这样是压秤，既然是晾干，那就应该晾到干为止；从早上晒到太阳落山，这样才足，尽管选择这么长的时间在卖茶的时候斤头（重量）会少一些。”他说，“过去卖毛茶，按商业利益来算，晒足还是很吃亏的。”他举了一个例子，“古树茶鲜叶需要5公斤才能做1公斤干毛茶，与普通的4.5公斤鲜叶做1公斤干毛茶相比，对于已是奢侈品的冰岛茶来说，中间的商业利益不言而喻。但对于云章茶厂来说，既然选择做品牌，就要保证品质，从茶叶的外形到茶叶的重量，都要尽量做到最好，哪怕是在收拾干茶的时候，还要将产生的碎末一道剔除，从外到内、从叶到饼，都要严格把关，这是初衷，值得坚持下去。”

【杨春 / 摄】 

传承，不止是工艺、饮茶，更是氛围。

Process changes

工艺之变：好茶的进化与制茶人的梦想

我们不能否认的是，冰岛茶的工艺是渐进的、不断发展的，从最初的落后到后来的改进，再到这几年的不断完善以及细化，有勐库制茶人自身的努力，有外地制茶人带来的新观念，包括学习、引进勐海制茶工艺、易武制茶工艺，并结合冰岛茶、勐库茶的实际情况作出必要的改进，以此尽可能达到最佳效果，最终为消费者带来一杯纯粹、上乘而又独一无二的冰岛茶。

据申健介绍，2008 年左右的时候，冰岛茶的工艺还是按昔归茶的工艺标准来做，还习惯打堆。当时刚好是普洱茶市场暴跌后，茶农很听话，客户要怎么做、他们就怎么做。申健当时是按勐海茶的工艺来做冰岛茶，结果发现还是不行，并不理想，最后工艺进行微调——原料就不一样，工艺也不应该一样，这个是很正常的逻辑，也是“看茶做茶，看天做茶”的一个具体的体现。他说虽然工艺会有细微的差异，但做精品茶的理念是相

同的，冰岛茶真正的工艺是从 2008 年开始成熟的，之前的都不太成熟，因为茶叶市场太火爆了，茶叶卖得掉、客户抢着买，这个时候你要求茶农如何做茶，他们会认为你有病，都懒得理你！

这一点，云章茶厂也可以侧证。云章茶厂的前身是初制所，源自于 1995 年，当时是有关部门发执照认定的初制所，比较正规，也是当时勐库镇不多的初制所之一，一直顺利地做到 2007 年。但 2007 年普洱茶市场崩盘、2008 年行情艰难，导致亏损太多，彭枝华、廖福芳对茶叶加工不抱希望，直接放弃了继续做下去的念头，因为心凉！

彭枝华说他们所在的上那卡村位于半山区，比较尴尬——有山地，但很少，有水田，也很少，一家人一半精力种地，一半精力加工茶叶，即便这样付出，所有的收入也仅仅勉强够吃。所以遭遇行情变天，他们有了放弃的念头，也能够理解。但他们的下一代并不愿意就这样放弃，一是对茶叶有兴趣；二是家里有这个基础，有茶叶初制需要的所有设备；三是可能做茶是最合适的路、最好的选择，或许也是唯一的选择。仰望勐库的星空，规划未来的人生，于是重新开始。如果当时也跟着放弃，那也就没有现在的云章茶厂了。

但这条路注定不是坦途，注定要付出更多。云章茶厂的第二代茶人就是在这样的背景下，自己烧火，自己炒茶、揉捻、晒茶……全部弄好后，再继续下一锅。就这样，一直从2009年坚持到2011年，外面的客户认可这种工艺，因为跟以前的工艺相比，完全变了模样——这是传统的手工制茶，以前的是机器杀青。手工制作的茶叶，不仅条索漂亮，而且香气好。他带了200多公斤茶叶到昆明销售，接到小批量的订单。彭枝华、廖福芳看到有了改变、有了希望，觉得还行（既有外界对自己家茶叶的认可，也有销售所带来的收入），于是重拾信心，一家人加入到手工制茶当中，后来，罗静、廖福安也加入进来。

云章茶厂第二代茶人说："2009年时，勐库镇真正懂得手工制茶的人并不多，少到只是个位数。当时亲戚家做茶，请了外面的师傅，做茶比较讲究，炒茶时是躲着炒的，怕别人偷学。"他看到了他们手工炒茶，再结合勐库镇20世纪90年代的晒青干毛茶工艺，摸索出了一条全新的路，放在当时，也是勐库镇最先进的制茶工艺。而那种晒青干毛茶，当时勐库人称其为老黑茶。董太青说："那种老黑茶，又称为大黑茶，条索揉得非常紧，而过去评茶要看外形，冰岛茶外形不好看，制作时不方便晒，需要烘干，就会带来烟火味，又导致不好卖，最终是没人买。"

云章茶厂第二代茶人说从2010年开始，勐库产区凡是好茶，皆为手工炒茶。他自己也坚持这种工艺，他说要坚持下去，要把好的茶叶品饮体验带给消费者。茶叶是健康的饮品，喝下去不止是要健康，还是要愉悦的、开心的，不管是消费者还是朋友，喝到这种茶时能带来愉悦感，能认可这种茶以及这种工艺，作为制茶的他来说也是开心的，这就是他做茶的乐趣，也是源源不断的动力。

对于冰岛茶、勐库茶的工艺，乙并未作任何直接的评价，只是说："不管工艺如何产生，都有一个演变的过程，会保留好的东西。"

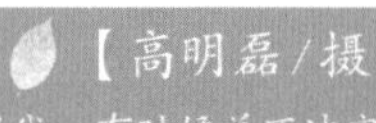
【高明磊/摄】
传统与现代，有时候并不冲突。

Process changes

每个人都渴望变得更好，不止是自己，还有社会

写这篇涉及冰岛茶、勐库茶的制作工艺时，从过年之前头几天一直到年后初十，断断续续，并不是一气呵成，一是赶上过年，时间呈碎片化；二是很多细节需要逐一落实，但时间点不对，很多人都在忙着过年；三是很多朋友感叹过了一个假年，因为刚好赶上新型冠状病毒肺炎事件，武汉是重灾区，而其他地方也好不到哪里去，昆明也如此，毕竟，遇到类似这种“情况”，没有谁能置身事外，更不希望城与人都成为“孤岛”。

作为普通家庭、普通人，我们唯一能做到的就是尽量不出门、少出门。家里只有三个最普通的口罩，我妈妈不得不出门买菜时使用一个，另外两个作为备用，不敢轻易使用。因为米其林（我的孩子）还小（刚刚满两岁），之前每天都要去外面溜达几圈，而因为疫情，也几乎不出门，偶尔在过道里转几圈，偶尔在楼底下的草坪上玩一会；他没有吵着、闹着去外面玩，他愿意在家里，对我来说，其实已经是很大的安慰了。

而让我头疼的也是这个事情，正因为米其林每天都在家里，一家人都在家里，白天（从早到晚）我没有自己的时间与空间来进行创作。很多素材过于碎片化，还是需要集中精力来理清、构思的。我承认我的能力有限，无法做到在闹腾的环境下还能专注创作，所以要想像以前独自一人安静地工作，这个要求过于奢侈了，注定不可能实现。这段时间，我也不敢出门，事实上，也无处可去。每个城市、小区、家庭，都尽可能地暂停非必要的交往，降低风险，也不给社会增添负担，也是保护自己。我唯有自己安慰自己，唯有不出门或者少出门。所以，最后的选择是晚上家人都去休息后，我一个人在夜里、在客厅安静地写稿子，一两天写冰岛茶的一两道工艺，不断地补充、调整，力求在真实的基础上做到详尽，以至于这篇文章的连贯性有所欠缺，还请见谅！

作为这些年最长的一个假期，因为疫情不得不延长的假期，估计很多人都闲出新的境界。对我来说，也算是可以安心创作的一段时间，闲不住，且创作是我的兴趣，能充实自己，也能抵消一部分每天疫情新闻与不敢出门所带来的影响——焦虑、闷与无奈，似乎可以算作是一剂良药，于工作中得到乐趣，也是苦中作乐、无可奈何的唯一的选择。

每个人都渴望这个世界变得更好，之于冰岛茶，其工艺已经在商业、市场的推动下大幅提升，越来越苛刻与精细的标准和大胆尝试新工艺并存，带给茶客的，是干净、健康、品质与口感俱佳且融为一体的冰岛茶。而这段时间冰岛老寨也封路，估计茶农闲着没事也会思考一下茶叶的工艺。之于自己，宅在家是最低程度的为社会做贡献，可以让自己静下来、陪家人，但如果可能，能坚持学习、提升自己、开展工作，这是最好的选择；之于社会，我们期望过去的弯路、教训能够在将来避免，尽管2003年“非典”的宝贵经验并未在这次疫情中得以运用，尽管悲愤、哀感，但我们依然不放弃，依然期待，因为我们生活在这片土地上，我们都是一个共同体，没有谁能置身事外，也没有谁会孤立存在。

毕竟，“时代中的一粒灰，落在个人那里，可能就是一座山”（作家方方）。愿悲悯之心渐长，更愿世间再无此殇，同时，也希望真实或者说诚信在这片土地上迎风生长，不管是一片茶叶、一个公司，还是一个社会，如果没有真实或者说诚信作为基础，那所有看似繁华的景象随时都可能会清零……

2月6日，我看到张兵在朋友圈里发了一组照片，那是他所在小区的花开，在这特殊的时期显得格外美丽、动人，并透着盎然的生命力。事实上，他也是被困在昆明，无法返回珠海，并且与他相隔一条马路的耀龙康成小区8栋3单元已实施隔离封闭管理。也是同一天，罗静在勐库采摘青菜，绿油油的青菜在阳光下给我一种踏实感。她同样也是被困在勐库，无法返回昆明。

从来没有如此期待一场花开，也从来没有如此期待一次茶山行，可以自由地、惬意地触摸茶叶、轻闻花香；可以行走在茶山的小路上，哪怕再崎岖，我也不会抱怨，我也会投之以热情，且相信一定能收获喜悦。所以，此时此刻，我特别怀念“2003红塔皇马中国行”的活动，那意味着疫情结束，阳光重新普照在这片土地上。

【李诗白/摄】

年后的疫情，
想保持平静是一件艰难的事情。

2020年2月6日

冰岛茶的内循环：茶俗、交易与评级、管理

【杨春 / 摄】

现在，能在冰岛村喝到煮的茶非常难得。

茶礼与茶俗、茶叶交易发展的演变、茶叶评级及茶园管理，与茶农的关系更紧密一些，我将其归为冰岛茶的内循环，或许不科学，诸君见谅！

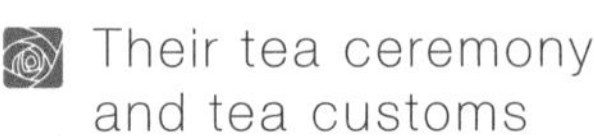

【他们的茶礼与茶俗】

虽然茶叶在冰岛人礼仪中的功能与作用没有我在老曼峨感受到的那么强烈、那么浓郁，但终究不可或缺，依然扮演着不能替代的角色，且管中窥豹，从中也能看到一些岁月的痕迹，丝丝缕缕，但终归有迹可循。

赵玉平说："男方给女方过礼的时候，会稍微带一点茶叶，但前提是要自己家的茶叶，干毛茶或者饼茶都可以；结婚的时候，女方家也会带一点茶叶给男方家。"他说，"提亲的时候没有送茶的习俗，但过礼需要提前。"在他结婚的时代，所过之礼包括一包水果糖、两条香烟以及几斤自酿的酒，而香烟，当时有金沙江、天平、春城、马缨花……很多都是我未曾听过的品牌。

这与董明龙所说的稍微有点出入。董明龙说："过礼、提亲的时候都是要送茶的；现在定亲，要包两提茶，都是饼茶，要双份，好事成双、新人成对，最后对方再返给一提茶。"他说，"柴米油盐酱醋茶，过去这些东西在结婚时都是要送的，只是现在冰岛茶的价格高了，淡了些。"不过，这好像也符合社会发展规律。

【杨春／摄】
冰岛黄片，
喝起来口感要醇厚得多。

董明龙说过去的时候，亲戚、朋友以及远方的客人去到，他们还是会给一点茶叶，因为其他东西也没有，也只有茶叶——他们最大的特产。

张云华说："在20世纪70—80年代，冰岛这里是喝罐罐茶，且是主流，是一种生活方式，但现在是喝不到了。罐罐茶之后，转为钢化杯冲泡茶叶，抓一把茶叶丢进去，开水倒进去就可以，第一泡倒掉，喝后面的。"现在的功夫茶出汤快、浓度不够，他自己还是喜欢用飘逸杯喝茶。

张晓兵也补充说："功夫茶是2007年后进入冰岛的，并且当时的功夫茶比较简单，一个竹盘做成，而现在的功夫茶是一套的，比较齐全；现在，老人习惯用飘逸杯喝茶，可能还是觉得比较方便。"

罗政强说："以前的罐罐茶也很有意思，将干毛茶放锅盖上炒——锅用坏了，但锅盖还好，还可以继续利用，并且炒起来比较均匀，当地人将这种锅盖炒的茶称为'锅片'——最后再放到罐罐里煨茶。"他说如果直接将茶叶放进罐罐里，而不是先在锅盖上炒一下，那罐罐就容易坏，因为罐罐是土做的，这样的行为在他们眼里是不会过日子的表现。这一点，很像我母亲过去生活的时代，买肉要买肥一点的，这样可以炼油，且肥肉吃起来也能满足生锈的肠子的需要。如果买瘦肉，那也是不会过日子的表现。

罗政强说现在做饭都用电了，不烧柴火，所以也就不喝罐罐茶了，但炒茶还是用柴火比较好。好在，我在赵玉学的父亲那里喝到了罐罐茶。

茶叶之于双江人的生活，彭桂萼曾经写到：茶为县属民众嗜好品之一，尤其是倮黑，饮食或工作以后，多饮茶以助消化、复疲劳，客人到来，亦迅速烹茶敬之。烹调之法，用小土罐炒黄茶叶，注入滚水，倾去头一道的（以为如此，可以除去揉晒之秽物），即倒出漫饮。颜色黄绿，气味清香，可以吃七八开左右，始淡而倾弃，其浓淡因人而异。倮黑、卡瓦及一般劳力者均嗜浓烈，反之则嗜清淡。

Trading road

冰岛茶交易之路：勐托，干毛茶，鲜叶与出租茶树

冰岛茶是如何卖的？这个问题也比较有意思，没有一个标准答案，在其发展历程中，呈现丰富的形态：有本地茶叶单位、茶企收购的，有外地茶企直接收购的；有卖干毛茶的，也有卖鲜叶的，还有卖饼茶的，以及直接出租茶树与茶园的；有送到外面卖的，也有在寨子里就卖掉的；有赊账的，有以物易物的，也有收现金的……

【杨春／摄】

字光兰讲到了勐托。

张华说："在改革开放之前，勐库产区的茶叶做出来后只能卖给勐库收购站、茶叶站等单位；改革开放后，临沧县茶厂、双江县茶厂、永德县茶厂等会来收购，县茶厂下面又有很多初制所。"他说，"当时私人收购的非常少。1985、1986 年私人收购慢慢多了起来，但最终流向还是县茶厂，私人还没有茶厂；到 20 世纪 90 年代，私人茶厂开始出现，勐库茶叶（包括冰岛茶）开始流向私人茶厂。"云章茶厂的前身，即初制所，也才在这个时期开始涉足冰岛茶。

勐托是冰岛茶交易史无法绕开的一个名词。冰岛离临沧的勐托不远，1949 年以前冰岛人大多将茶背去勐托街卖，勐托街有博尚人专门在那里收冰岛茶，勐托有许多傣族，勐托的傣族专门喝冰岛茶。[11]

20 世纪 80 年代，冰岛茶农是到临沧市临翔区南美乡的勐托村卖茶。字光兰说：“当时是男人挑、女人背，走山路，鸡叫的时候——夜里三四点就要出发，早上十点能到勐托，整个行程需要 6—7 个小时；到勐托将茶叶卖掉，一单斤卖三四块钱，然后吃碗米线、买点东西又返回；回到寨子里时，天又黑了，所以是‘两头黑’，需要打手电筒或者举着火把负重而行。”这一点，与罗改强、张云华的记忆高度一致。罗改强说自己八九岁的时候去过一次，感觉很远，也很少去：“大人把茶叶做好后，天不亮就要去勐托，到了那边卖掉茶叶，买了大米等生活物资后，再赶回来，到冰岛的时候已天黑，是‘两头黑’。”罗改强说他自己是去外婆家，从临沧（市区）过去还有 20 多公里[12]，叫蚂蚁堆；去到勐托后就可以坐车了，先从勐托坐车到临沧，再从临沧坐车到蚂蚁堆。张云华说当时茶叶好卖，受那边的欢迎；茶叶卖掉后，再买肉、米之类的物资回来。

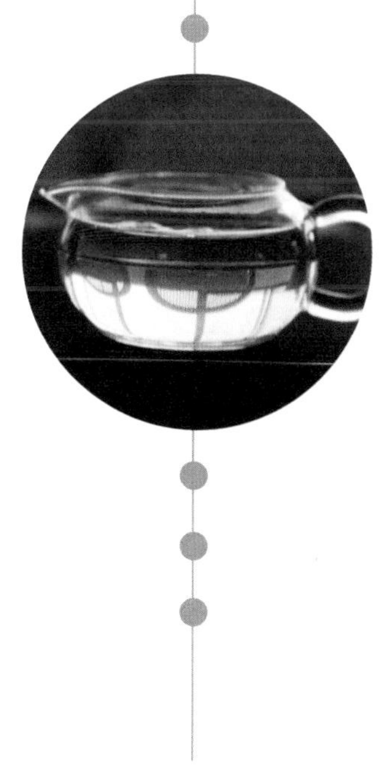

【杨春 / 摄】

忙碌后喝一杯冰岛茶，是最好的犒劳

冰岛茶农之所以不辞辛苦将茶叶送到勐托去卖，有两个原因：一是路近，二是价格更高些。据张华回忆，当时大户赛的茶农也是将茶叶送到勐托去出售，因为在勐库，冰岛茶一单斤是一块五六（张华所回忆的时期与字光兰所回忆的时期不一样，价

---

[11] 詹英佩．茶祖居住的地方——云南双江 [M]. 云南科技出版社，2010：80.

[12] 1 公里 =1 千米

格有所不同），但送到勐托去出售的话，一斤可以赚 2—3 毛钱。这对当时的他们来说，是一笔很大的财富，当时的工资收入水平一天也就一两块钱。张华说：“当时是用麻袋装着干毛茶，挑着去，一担有六七十市斤；从勐库镇过去，要花一天半的时间，要经过懂过、坝卡、南等、小荒田，然后在小荒田休息一晚，第二天再继续赶路去勐托。”他笑着说，“这个钱也不容易赚，但比打工划算，所以很多老一辈的勐库人都记得这个事情。”

相比从大户赛去勐托，从冰岛去勐托就要近了很多，所以，他们（大户赛茶农与冰岛茶农）自然乐意去勐托卖茶。张华说：“当时从大户赛送去勐托卖的茶叶占到总产量（大户赛产区所产之茶）的 80% 左右。”现在，冰岛南迫茶农还是习惯去南美赶集，还是因为路近。我在张晓兵的茶坊时，他指着窗外的大山，说：“就是那里，翻过最高的山，再下去就到了。”当然，看着近，走起来可不近，这是茶山的基本常识。

2004—2005 年，冰岛茶叶就没有送到勐托了，因为外面有人来村里收茶了。到了 2008 年，以古韵流香为代表的品牌茶企开始在到冰岛大量收购茶叶，这种形态一直持续到今天。

前面所述，是从茶农的角度来说，而从客商的角度来说，茶叶交易也存在多种形态。客商可以买干毛茶、鲜叶，也可以承包茶树、茶园（茶地）。董明龙说：“有的品牌是直接买鲜叶，有的品牌

是直接承包茶园，这是两条不同的路；即便是购买鲜叶，也要挑时间，要掌握最好的时节，这样品质才是最理想。”云章茶厂、丰华茶厂等选择直接买鲜叶，而霸茶、云南茗片、世昌兴、廖氏、午一等则选择承包茶园。

对于是承包茶园、还是直接买原料这个问题，张凯说：“丰华茶厂每年都会收购上吨的鲜叶。承包茶园首先就需要支付一笔高昂的费用，日常管理也需要花费一笔费用，采摘也是一笔费用，并且采摘的时候一般都是茶山最忙的时候，还不一定能请到采摘工人。这些环节中有不确定的因素，所以直接买鲜叶更划算，也更安全，且还有选择的余地。”而近几年，也有部分茶农放弃出租茶园，他们担心客商急功近利、过度采摘，也担心管理上出问题。

客商选择承包茶园，可以是短期的，比如一年的采摘权，包括春茶、夏茶与秋茶，如赵玉学家的茶王树就是一年出租一次；也可以是中期的，如霸茶于 2020 年 1 月 17 日继续签约冰岛老寨古茶树，期限为 3 年；还可以是长期的，如世昌兴从 2012 年签约至 2021 年年底，期限为 10 年。客商承包冰岛茶树，可以是一棵或者几棵，如赵玉学家的茶王树 2020 年度被承包，就包含另外 6 棵古茶树；也可以是成片或者较多的，世昌兴承包的茶树有 626 棵，包括古茶树和中树茶。

对于支付方式，也是不断演变，多种多样并存。字光兰说：“过去也有勐托大寨的傣族人会带着肉、酒、香烟、面条等货物来冰岛老寨，换冰岛的茶叶。”这就是以物易物，算是贸易的最原始方式了吧。刘明华说自己最早是在2004年到冰岛收购茶叶，当时是以现金的方式交易，现在除了冰岛老寨有先进的支付方式外，其他四个寨子还是习惯收现金。当年于翔进入冰岛，大手笔承包茶树，支付方式最为简单——现金。申健说当时于翔是抱着现金在冰岛老寨付钱的，非常壮观。不知道当时的茶农有没有数钱数到手抽筋。现金交易的方式延续了好几年，很多茶企都跟于翔一样，直接抱着现金去收购原料，一款一捆的现金摆放在茶农面前。

随着社会的发展，支付方式也在不断进步，现在的冰岛茶农家里，很多人家都很“贴

【杨春/摄】

虽然现在支付方式比较先进，但现金交易还是没有过时，验钞机是必备的。

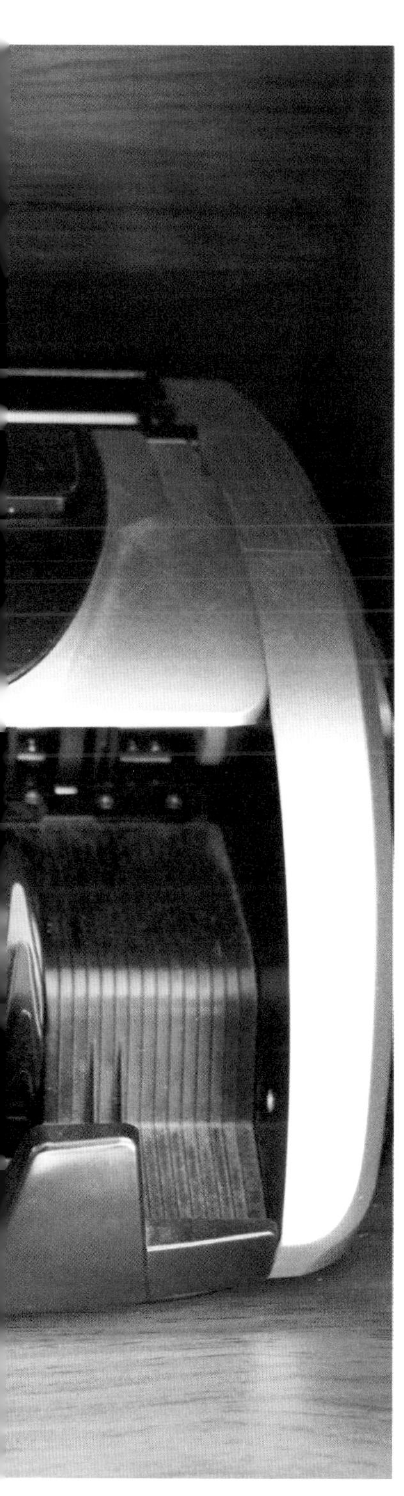

心”地为客户提供了支付宝、微信、QQ钱包、花呗、京东钱包等互联网付款渠道，当然，还有刷卡机；当然，如果你喜欢付现金，茶农也不会拒绝，他们也很“贴心”地为你配备验钞机的服务。

虽然交易方式、支付方式等多种多样，但有一点可以明确的是，冰岛茶的一级交易市场是在冰岛，而二级市场不在冰岛。这里的一级市场理解为原料市场，二级市场理解为消费市场，冰岛茶的消费市场在冰岛山下，在勐库之外，在临沧之外，在云南之外，在更广阔的北方市场与南方市场。勐库，更多的是起到一个纽带的作用，作为冰岛茶的交易重镇、展示重镇与加工重镇；冰岛茶经勐库后，一个方向是双江县城，另一个方向是临沧市区；冰岛茶经临市区后，绝大多数直奔昆明，再以昆明作为集散地，走向全国，当然，昆明也有一定的消费体量。

彭桂萼写到：然而，本县自己消费的，每年不过千多担，其余万把担都是销运出境的，其中十之八九出云县、下关，销四川叙府；十之一二进麻栗坝，销英缅；尚有微量，销耿马、孟定、永昌一带。虽然是近百年前的记录，但现在依然；虽然是双江茶的记录，但现在的冰岛茶依然。

Rating

〔茶叶评级：渐远的背影〕

既然是交易，那总得有个标准，之于茶叶，过去就是分级，我在版纳产区考察时，很多小微产区的有一定年纪的茶农都说到了分级，这是过去茶叶交易时必须面对的一个问题，因为直接关系到收入、影响到一年的生活。这一点，在勐库产区也是一样的。

在张华的记忆里，勐库茶叶分级过去主要是集中在勐库茶厂、供销社茶厂、茶叶站等单位，也有私人收茶。张华说：“计划经济时代茶叶分级分为干毛茶和鲜叶，其中干毛茶分1—8级的是单位的要求，在1—8级外，还有级外茶、老黄片；私人收茶的话分为1、3、5级，而3、5级的又会混在一起。”他说，“当时茶叶分级有两种方式，一种是按口感，即茶叶的内含物，投茶量5克，品茶杯摆成一排，开汤后闷茶5分钟，不能有怪味、异味；另一种是按茶叶的外观，比如特级的标准是芽头占60%，一级以及后面的级别按一定比例降下来。”

【高明磊／摄】

很多茶商依然更愿意直接购买冰岛鲜叶。

鲜叶也可以分级，张华说过去鲜叶分级是1级作一堆、2级作一堆、3级作一堆，曾遇到小孩去交鲜叶，一堆鲜叶摆放在分级员面前，分级员看着觉得不公平，因为整体看可以评为3级，但部分鲜叶又达到2.4级的标准，就说这样分级可惜了，于是分开评级，这样就可以给小孩多增加一点收入。

1962年出生的郑文贵，于1985年进入茶试站，他说："自己进入茶试站后，工作内容一开始是育苗，到后来是移栽以及鲜叶的采摘。最初的时候，主要是做台地茶。"关于茶叶分级，郑文贵说："当时主要是鲜叶分级，一级的标准是一芽一叶，二级的标准是一芽二叶……"他说，"现在的鲜叶也分级，古树茶、大树茶、中树茶、小树茶以及台地茶同时进行，各村各寨都不一样，价格也在分级的基础上来决定。"2004年茶试站倒闭，茶试站也就成为一个历史名词了，而郑文贵也跟着下岗。他说茶试站与当时的统购统销有着极大的关系。

李学伟说："以前茶叶分级是国营企业的要求，是鲜叶分级，比如特级的标准要求全部都是芽头，只有中间那个芽头、没有叶子，收回去后是做绿茶。"他说，"20世纪80年代以前，勐库没有茶叶技术人员，当时是以红茶为主，凤庆茶厂派了5个人过来指导；当时做茶也不是特别规范，原料来一批就按这个批次的来分；做成精制红茶后，要用分筛机来筛选。"

董明龙说："过去收来做红茶的原料需要分级，因为精制上有这个要求。分级主要是用筛子分，特级茶的芽头特别细，长度为2.5—3厘米……当时分级，黄片也是要挑出去的，不会放在里面。"

 management

【茶园管理：渐近的痕迹】

冰岛老寨的古茶树资源比较稀缺，所以在采访的时候，很多茶农都说自己家有几棵、十几棵，再多一些的，也就是二三十棵，不会出现一家人有大片大片的古茶园之说。张晓兵说：“这里是在1983年分过一次茶园，那个时候分茶园是按家庭的劳动力来分，老人、孩子是没有劳动力，就无法分到茶园。”张晓兵家过去有2个劳动力，也就算2份，总共分了一亩九分地。他说，“1983年分过之后，就再也没有分过了，很固定，之后换过2次合同，以此确认产权、延续古茶树资源带来的福利。”

有了茶园，也就有了茶园管理，但管理也在茶叶慢慢值钱后才有的，倘若不值钱，谁会去花费时间、精力管理呢？陈武荣说在2001年他上去冰岛的时候，茶园还没有人管理，因为价格低，没有那种意识。

李国建说："在2004年我来冰岛，管理茶园就是给茶树修剪枝叶，应该算是第一个在冰岛老寨搞修剪枝叶的，后来就慢慢带动了当地茶农。"他说，"当时还没有专门的修剪枝叶的刀具，是戴着手套处理，小的（枝叶）用手，大的（枝叶）用剪刀剪掉——当时剪掉的是枯枝。"李国建第一次来冰岛老寨时，寨子里养牛、猪，是放养，牛粪、猪粪也就作了茶树的肥料。对于这一点，张晓兵也说起过："以前放牛比较多，所以牛粪也比较多；但不能放羊，因为羊粪有羊膻味。"

【李国建/供图】
李国建比较熟悉冰岛茶园过去的管理

2005年秋天，李国建再次来冰岛老寨，工作是采摘茶籽，他说当地人很好奇"这些人是不是吃多了，摘这些茶籽干嘛"。其实，李国建是将茶籽采摘来育苗，他说现在我们看到的小树茶，就是当年的茶苗长出来的。

字光兰说："以前的茶园里还会套种农作物，

如荞、麦子之类的。”其实，现在的茶园里也套种，就在广场下面的茶园，靠近下方的茶园套种的多一些；我看到有的是种着青菜、玉米等，应该是这边购买蔬菜之类的不太方便，而又想吃新鲜蔬菜，所以才会如此选择。而这片茶园套种农作物，应该还与土壤比较肥沃有关，在王子山、进村正对面的那片茶园，我都没有看到套种农作物——王子山的土壤也比较肥沃，但距离寨子稍微有点远。进村正对面的那片茶园也没有套种，距离村寨比较近，但坡度比较大，且石头比较多，也不是套种农作物的理想之选。

字光兰说：“现在的茶园管理比较简单，一年翻土两次、刈草（也称为割草，但与除草还有一定的区别）刈三次以及修枝。”罗改强说的与字光兰一致，只是更为详细：“修枝；翻土（也称为翻地、挖地、松土），一年翻 2 次，每年的 11 月份会翻一次；割草一年要割 2 次，用割草机，5、6 月份时割一次，10 月份再割一次，但要看茶园里草生长的具体情况，如果长得快，那还得勤快点。”罗改强说现在茶园管理还是请工人，不然还是很辛苦。

【杨春 / 摄】

被修剪后扔掉的枝叶。

而《临沧地区志》也有记录：一年进行2次，第一次为中耕除草，多在7、8月间。全区各地均有“七挖金、八挖银、九月挖茶表人情”说法。第二次深挖15—18厘米，细碎土块，壅于茶根。同时清除寄生物和枯枝、茶花、幼果、苔藓、地衣。时间在春节前为宜。[13]

字光兰家即请了工人管理，叫尖赞，阿花说尖赞也是他们家的亲戚，阿花称呼他为姨爹。尖赞是耿马人，他说因为媳妇要照顾孩子，所以只有他一个人过来。尖赞说之前是在阿花的外婆家干活，后来就来阿花家，已经来了好几年了，很稳定；工资是每天在100—200元，像春茶的时候比较忙，工资就是200元，而像冬季就要轻松很多，工资就是100元。当然，都是管吃管住，甚至管烟管酒，这一点跟老班章很像。我也是第一次遇到“尖”这个姓，很少见的姓氏，还特意问他是不是少数民族，他说是汉族。我与尖赞一起吃过好几次饭，因为阿花家有事，他们都不在家里吃饭，都是阿花在家做饭给我们吃，菜很丰盛。如果晚上肚子饿的话，自己去厨房解决，储备很丰富。

2019年11月29日早上9点，我因为没有约到人采访，闲着没事，就独自一人去到了进村正对面的那片茶园，快到接近森林那个位置，刚好遇到工人在管理茶园。工人都是勐库坝区的中年女性，有四五位，她们在摘掉茶树上多余的枝叶以及茶花，使之明年更好地发芽。茶树下，散落着一地的枝叶、茶花，因为是刚刚摘掉的，还很新鲜，所以散发着茶叶独有的清香，熟悉而又愉悦。事实上，她们也不可能完全将多余的枝叶和茶花修剪掉，只能尽量多修剪一些。

从寨子里到那个位置，看着近，走起来还是比较远的。沿途都是茶树，大小不一，部分茶园已经割过草，草被割掉、在太阳下暴晒的那种独有的味道，远远便能清晰地闻出来。

看到这一幕，我也就理解了他们为什么出售冬茶，因为之前看到他们出售冬茶（鲜叶），我是困惑的——怎么冬茶也采？申健说采摘冬茶的目的不是为了出售，因为量小，采摘这个过程本就是修剪多余的枝叶，确保

[13] 临沧地区地方志编纂委员会．临沧地区志·中[M]. 北京燕山出版社，2004：105.

今年冬天不能发芽，要让茶树来年春天的时候发芽，为了来年春茶的产量；董太青说修剪枝叶，是要保证茶树为下一季鲜叶的生长提供充足而必要的养分。

张凯说，对于茶农来说，勐库这边以前采摘春、夏、秋茶时，茶树枝条被采摘得光秃秃的，后来慢慢注意对茶树的养护，而市场好起来后，采摘标准也慢慢地规范起来，冰岛的茶农也不给你采摘得太嫩；对于茶厂来说，茶叶要做得好，除了制茶环节外，基地（茶园）也很重要，要管理得好，而现在进入冰岛的很多厂家还是比较到位的。古韵流香从2010年承包茶园开始，所有的茶园都是他们自己管理，而于翔也是在2010年承包茶园后就进行了茶园管理。

对于双江茶园的管理，彭桂萼记录得更为详尽：

双江的农业生产，摆夷坝居，以种稻为主；山居汉人、卡倮等，则多种杂粮；倡种茶业，是光绪二十五六年以来才开始的事。它的祖宗是大山茶，就是说，最初的籽种系由佛海一带运来的，彭跃南、杨芳洲等就是许多倡导人员中比较值得纪念的了。

然而，种植至今虽已三十多年，一切都只知墨守成法，异常粗陋，故年来大有江河日下之势。我们先来看他们的种植情况。

1　采种：每年冬至前一月左右，茶果成熟，

【杨春／摄】

在山顶遇到正在修剪枝叶、茶花和茶籽的工人。

由人工摘下（近年顺宁大量前来运购，每驮茶籽约合国币三四元），剥去外层厚皮，用水淘漂，浮于水面者去之，专取沉落于水底的保存备有。

2 播种：在立春以后清明以前，正是日暖风和、草木萌放的时期，播植茶种者选家旁多水朝阳的地方，挖抛拌碎，或整块荡平，或理出沟峰，将拣定的茶籽放入土穴，每粒间隔数分，上面覆以细土，厚约寸余。这样，它受了日光与水分、肥料的温孕培育，不久就抽出芽条来了，此时要注意的是泼水宜勤，每隔一日即应灌溉一次，但泼后又须让水分由土隙中渗滤而出，不可听其长久淹泡。

3 移植：头年春季播种，到第二年的夏季，它已经在娘家的摇篮里，成长为高七八寸

【杨春 / 摄】

为保护古茶树而树立的木桩，防止树根土壤流失。

【罗静 / 摄】

这样的场景在茶山能经常看到。

至一尺的嫩苗了。这时，土质疏松、雨量丰润，于是在端阳前后，即设法出嫁，把它移植，选定山腰朝阳的山地，先犁后挖，将土弄松，用尖锄掘成土洞，即于洞中每隔二尺余植一株，根部的泥须用力按板，并在每一茶株旁栽木桩一棵，以资识别，并借以护卫。

4 施肥：已经移植，即听其自生自长，既不加以灌溉，又不施用肥料，仅凭天然的土壤供给养分，故一二十年根旁的养料吸收稀微后，茶树即每每瘦瘠不振，而许多人畜肥料，则又任其秽积家旁，酝成疫疠，其不知力求改进与废物利用也如此。

5 铲草：最初栽植的二三年内，大概是可怜它年轻纪小吧，每年都于冬春之末各除草一次。至年限稍久，则仅于十冬月间铲除，也有全不打理，让野草蓬蒿与茶树争荣并茂，互争雄长的。

6 剪枝：采茶叶时，一面摘取嫩叶，一面即将老叶尽行摘弃，而留一二嫩叶以继承父业，若在一二十年后将其老枝完全砍去，则一年以后它又会返老还童，青春年少地迸出新枝叶来供人采摘；也有不知举行或爱惜不忍割弃的，则二十年以上，即老气横秋，渐渐枯窘下去了。

7 除害：因为这里的茶树很少病害，所以，大家都不注意到什么预防与治疗方法。唯茶树渐渐年高有德，在枝干的皮肤上每每寄生起斑烂的苔藓来，于是不知不觉间吸它的精血。所以，有经验的人在摘采嫩叶时也就便行一点阴功，代它撕剥一下苔藓，医治它的遍体伤痕。

当然，不管管理如何到位、保护如何周全，茶树也是一种生命，只要是生命，就会有死亡的那一天。冰岛古茶树的死亡原因也有很多，有的是人为原因，去的人多了，踩踏比较严重，导致土壤结板严重；有的是攀爬之人较多，带来了损害；有的是自然死亡，董太阳说，茶树跟人一样，也有灵性，也会衰老。

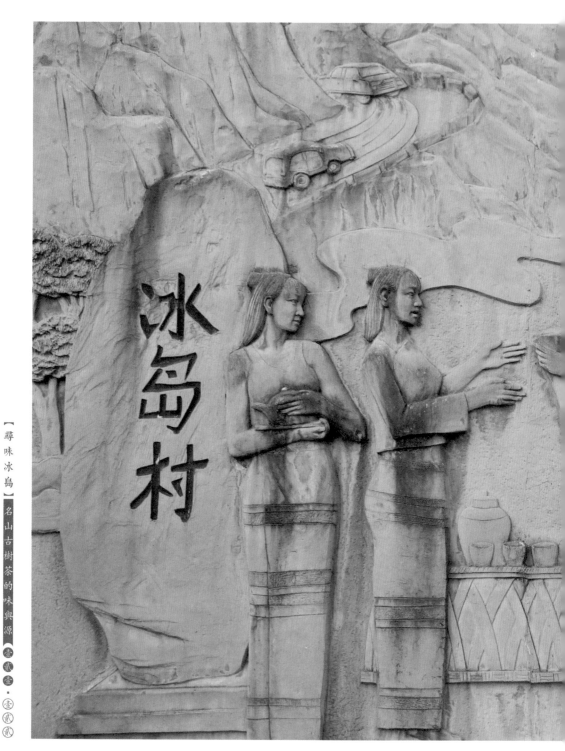

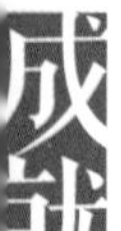
成就

是什么成就了冰岛茶？

是什么成就了冰岛茶？或许，你也可以理解为冰岛茶为什么这么贵？问题不一样，但答案一样。

【杨春 / 摄】

冰岛老寨，因其古树茶而闻名。

true and false Icelandic tea

产量少，真假冰岛与“带头大哥”

【罗静/摄】

冰岛地界，
醒目的名字不会让消费者误解。

喝了很多年冰岛茶的朋友来冰岛老寨喝过茶后，或许会问：怎么跟以前喝的不一样？这个梗，有点像喝了十多年假茅台的人喝到了真茅台一样，味道确实不一样。

而这，还得从冰岛茶的产量说起。冰岛老寨的核心产区是小广场一带，也可以说小广场周围、小广场下方，这个产区的冰岛茶品质是最顶级的，也是被很多冰岛茶友所推崇的，当然，也是价格最高的；第二个产区是老寨周围，即围绕寨子的古茶树（小广场下方的核心产区除外），数量也不算少；第三个产区是进寨子就能看到的那片大山坡，以小树茶和中树茶为主，也是价格最低的；第四个产区是王子山那一片，古茶树较多，因为去的人极少，所以生态环境也较好。

根据小广场的宣传资料所示，百年以上的古茶树有24232棵，五百年以上的古茶树有4954棵，古树茶产量为7.8吨（干毛茶）。这与张晓兵的说法基本符合，他说古树茶一年的产量在七八吨，有时会增加点，有时会少一点，气候对产量的影响还是比较大；但中小树茶比较多，总的有30吨左右，茶树长到10年后产量就比较稳定了。李国建也认可冰岛老寨古树茶年产量在7—8吨。

对于五百年树龄的古茶树数量，商界的朋友持不同意见的较多，出入比较大，有朋友说在2800棵左右，还有人说更少，低于1000棵，还有朋友说是3300多棵。在我采访、问及“你们家有多少棵古茶树”时，从我接触到的冰岛老寨茶农那里所获悉的情况也差不多，这家拥有八九棵，那家拥有十一二棵，较多的拥有二十棵左右，并没有听闻哪家特别多，都说“（数量）差不多”。这应该是他们所理解的古茶树是五百年树龄的古茶树，而非百年树龄的古茶树，因为外界对冰岛最关心、最期待的还是古茶树，最好奇、最想了解的还是五百年树龄的古茶树。

古茶树数量的稀少，也直接影响到冰岛老寨茶农的收入。在我采访时，大部分茶农关于自己家一年的茶叶收入，都会说在80万左右，这应该是整个村寨的平均值，当然还有更高的。而乙说，老班章每年都超过2亿元的资金流入到村民手里，即使人均来分，每个人也是一笔不菲的收入。据我们在老班章调查时所知，老班章村很少有低于100万收入的人家，多数在200万—300万，极少数的超过1000万，所以才有很多在勐海做茶的朋友感叹：自己都是在给老班章茶农打工，他们（老班章茶农）才是老板。

不管对古树茶数量有何争议，有一点是大家取得一致观点的，即市场上流通的冰岛假茶比较多，且假茶数量超过真茶数量。曾有朋友开玩笑说，有些冰岛茶，除了绵纸上“冰岛”那两个字是真的外，其他的都不能相信，这和某些人、某些商家的失信有关，失信到什么程度呢？——你说的话，我连标点符号都不相信。

我在勐库、冰岛老寨采访时，就听闻一些相关的信息，有些商家从未上去收购过原料，

但每年都制作大量的冰岛茶出售。至于网络上销售的19.9元包邮的冰岛茶，那就更不用说了，可问题是：销售火爆！或许有的顾客不知真假，只是慕名、选择价低者而买；或许有的顾客是明知假茶，依然选择购买，至于消费动机，那就不得而知了。

【高明磊/摄】
不同的季节带来不同的风景，不同的产区带来不同的回味。

除了这个因素外，还有一个地理界限的认知问题，准确地说，是冰岛产区范围的认同问题。现在，一般人说起冰岛茶，几乎会默认为冰岛五寨（冰岛老寨、南迫、地界、坝歪、糯伍）的产品，问题就出在这里。如果你认可且唯一认可的冰岛茶是冰岛老寨，那相对冰岛老寨来说，其他四个产区的茶就是假茶；如果认可冰岛五寨的茶是冰岛茶，那不管地界、南迫，还是坝歪、糯伍，其茶叶都是冰岛茶，如此，不管购买到哪一个产区的茶，都属于真正的冰岛茶，假冰岛茶就限于冰岛五寨之外的茶叶。这一点，其实也不难，蓝泉斋在推广普洱茶时，无论是产品包装还是宣传上，都会严格标注并说明原料的产地，并且字体较大、较为明显，想忽略都难，比如境外（果敢）、境内（云南）的茶叶是什么价格、大概的口感等，般生说："先说明，避免误会，再送茶样，喝过后能接受就买，不能接受就算，反正不能欺骗消费者。"而云章茶厂也如此，从原料到包装设计都会清晰地呈现出来，地界产区即以冰岛地界宣传，糯伍即以冰岛糯伍宣传，并没有混淆产地，而是实实在在地告诉消费者：这款茶是什么茶、是哪里的茶。

泛冰岛化，可以看作是商业在推动的结果，所以才有冰岛五寨概念的崛起，且获得事实上的被认可。现在，很多消费者都熟知冰岛五寨的概念与产品，及其细分之下各个小微产区的茶叶特质。这一过程，我们可以理解为双赢：商家不用局限于冰岛老寨原料的价格昂贵与产量极低而过于被动，愿意付出成本去推广其他四个产区，为扎根勐库产区、推广勐库其他产区作出了有益而必要的铺垫；作为消费者，也不再局限于冰岛老寨，有了更多的选择空间，更丰富的品饮体验。

在商业的推动下，泛冰岛化继续前行，于是有了“冰岛一环、二环、三环”的说法，冰岛一环即冰岛老寨，冰岛二环即地界、南迫、坝歪、糯伍，冰岛三环即小户赛、磨烈、大忠山等，甚至还有冰岛四环的说法。对于他们的商业行为，我们没有必要完全排斥，也没有必要完全赞同，保持中立、理性看待即可，一切以产品品质来判断，口感会告诉我们作出什么样的回应与选择。

有一点不得不说的是，任何一个产区，都需要一位“带头大哥”，如此方便市场的认知、产区的推广，并在这个基础上扩大“带头大哥”下面的小弟——其他小微产区的知名度与影响力。这一点，我觉得版纳的易武是做得最好的，百花齐放，每个小微产区都有一定的影响力与拥趸。而勐库作为临沧茶叶的重要产区，也需要冰岛这张王牌，借助名山茶的效应推广其他小微产区，对外与消费者交流时，不用过多解释，推广成本低，因为冰岛自带光环。

当然，无论如何宣传，冰岛老寨只有一个，她是独一无二的，成就她的因素有很多，包括自然环境、树种与历史传承，无论哪一方面，都不可复制。

The answer is in nature

答案在立体的自然中：大环境与小环境

冰岛确实是一个神奇的地方，从勐库镇到冰岛，在山区来说可以称得上是平路，稍微有一点坡度；到冰岛山脚下，再往冰岛老寨走，却是陡坡，越往上越陡，多处急转弯，这段路我是不敢自己开车的。而从镇上一直到冰岛山上，不得不说，生态环境真的好，山清水秀说的就是这样的环境，这也正是申健说的冰岛的大环境。

从勐库的方位来说，冰岛属于勐库的北部；如果以南勐河分界，冰岛老寨属于西半山，冰岛五寨中的南迫、地界也属于西半山，而坝歪、糯伍则属于东半山。冰岛老寨山顶上的森林远远看去，很像给山戴了一顶帽子，连着勐库大雪山的原始森林，与大户赛所处的地方同属一座山脉，是双江、临翔、耿马三县区的交界处。

张晓兵说："冰岛村委会那边的海拔是1400米，冰岛老寨这边的海拔是1600米，冰岛老寨最上面（山顶处）的海拔是2400米。"张华说："风会沿着南勐河的源头走，到冰岛时，因海拔太高，风又沿途返回。海拔落差带来不一样的气候，是立体的，影响着不同的物种、植被，包括茶树的生长。"

申健说："冰岛产区的大环境特别好,（冰岛老寨）背后是整座勐库大雪山。东半山、西半山整体的生态环境还是不错的，森林植被率比较高。但现在的小环境差一些，寨子里新房子盖的比较多，钢筋水泥房比较多，对环境有一定影响。寨子旁边，即游客一进寨子就能看到的那座光秃秃的山，在2008年的时候，生态不是这样的，全是森林，看着特别舒服，后来被管理林业的某人给砍了，因为冰岛茶出名、值钱了，砍伐后种上小树茶。当然，他也因为破坏森林，最后被请进去了。"

【高明磊/摄】

冰岛的大环境非常优异，是成就冰岛茶品质的核心其实，不止是冰岛的大环境好，整个勐库、双江、临沧的大环境都好，双江的气候有“草经冬而不枯，花非春亦不谢”之说，而临沧也有“恒春之都”的美名，很宜居，而宜居的不止是人，还有茶树。

一、气温条件　勐库大叶茶，具有喜温怕冻的特点。生长良好的茶树，年需积温3500—4000℃以上。年平均温度13—16℃最适宜。日平均气温在10℃时，茶芽萌发生长，芽尖鳞壳脱落；气温在15℃时，芽叶展开；15—26℃时，茶芽生长旺盛。

自然资源优势是勐库大叶茶优质高产的重要条件。双江79.5%的茶园，分布在海拔1300—1900米的山区……县内大部分山区具有“夏无酷暑，冬无严寒，春秋季长”的气候特点……海拔1300—2100米的山区是勐库大叶茶生长的适宜气候环境，冬无低温冻害，夏无高温灼伤，气温适中，有利于茶树速生，冬季能安全休眠越冬，为来年萌芽储存营养。春温有利于芽叶早萌发，开采，夏秋气温适宜，采摘期可延长到11月下旬。

【杨春／摄】

立体气候，需要长期在冰岛才会有更深刻的感受。

二、光照光质条件　勐库大叶茶喜光耐荫，特别喜漫射光。全县大部分地区光照充足，光质好……这类地区森林覆盖指数高，散射光多，能减少叶面蒸发，增加茶叶特质嫩度和香味。

三、降水条件　茶树生长喜温，怕涝。茶树芽叶含水量为70%—80%，总叶为65%，根为50%。为保持茶树芽叶含水量，降水量不能低于

1000毫米，1200—2000毫米为最适宜水量。县境受孟加拉湾暖湿气流影响，常年降水量在800—1900毫米。平均雨量在1439—1552毫米。相对湿度为75%，适宜于勐库大叶茶生长需水量。

四、土壤条件　根据土壤资源普查，全县海拔1300—2100米的山区，均有红壤土分布，面积达186万亩，含有机质1.34%—4.74%，PH值5.2—6.8之间，适宜于茶树生长。[14]

张凯说把冰岛茶树种育苗后带到邦东（属临翔区）、云县种植，出了勐库后茶叶的内含物质不一样，这就跟自然气候、水土等有关；字光兰也说冰岛的茶树移栽到其他地方，就不出冰岛的味；刘明华说冰岛茶的甜是与生俱来的，是勐库大叶种冰岛长叶系的甜，是独特的地理位置造就的。

[14] 双江拉祜族佤族布朗族傣族自治县志编纂委员会．双江县志[M]. 云南民族出版社，1995：214—242.

【杨春／摄】

白云千里万里，明月前溪后溪，
终成心底的牵挂

答案在水的清澈里：冰岛湖，南勐河与山上的溪流

我第一次到冰岛，其实印象最深刻的并不是冰岛的古茶树，而是沿途遇到的冰岛湖。冰岛湖即原来的南等水库，是双江县投资最大的水利工程，惠及勐库坝、勐勐坝的民生与经济发展；她位于东、西半山之间的河谷地带，整个湖泊呈南北狭长形状，靠近勐库镇这边的比较宽，也最壮观，靠近冰岛那边的较为狭长，全长约6.2公里。

但我觉得风景最美的其实是中间部分，尤其是清晨或黄昏，波光粼粼，美不胜收；水面因云彩而变，因光线而变，因对面伸入到湖里的山脉而变。每次路过，我的目光从来都只会停留于冰岛湖这边，且从未失望过，每一处转弯迎来的冰岛湖景皆不一样，"横看成岭侧成峰，远近高低各不同。不识庐山真面目，只缘身在此山中"（苏轼·《题西林壁》），冰岛湖又何尝不是，每一道微澜皆入心！

2019年10月第一次到冰岛考察的时候，我还要求廖福安将车停下，因为我想近距离地看看冰岛湖。可能是他也感受到落日下的冰岛湖也有一种不一样的美，直接将车开到湖边——弹石路延伸到的地方，并未开到湖边的芳草地上。或许，对于他来说，可能已经看惯了冰岛湖，但那天，我们每个人都愿意多停留，没有急着返回勐库镇。

每个人都安静地看冰岛湖的远近之景，只是半个多小时，身与心却得到了极大的放松。而湖的源头，正是南勐河。虽然南勐河的上游（流经冰岛、南登、大硝塘段）是称为南登河，但他们依然统称为南勐河。

（双江）河流属澜沧江水系，有大小河溪106条。直接汇入澜沧江的河流有21条，汇入小黑江的河流有25条。

（南勐河）发源于临沧县南美乡南楞田分水岭，由界桥进入双江，由北向南流经勐库、勐勐两坝，先交于小黑江再汇入澜沧江。流经冰岛、南登、大硝塘段称南登河，长13公里，径流面积184.74平方公里，年平均流量5.14立方米/秒。流经嘎告、邦溜、勐库至虎跳岩段，称勐库河，河长15公里，累计径流面积560平方公里，多年平均流量15.59立方米/秒。虎跳岩至甸头段，称大河湾，长6公里，累计径流面积711平方公里，多年平均流量19.8立方米/秒……甸头至石门坎段，称勐勐大河，长14公里，累计径流面积1109.74平方公里，多年平均流量30.9立方米/秒。由石门坎进入峡谷，流程13公里，交入小黑江段，称南京河，累计径流面积1410平方公里，多年平均流量39.27立方米/秒。

南勐河全长80公里，双江境内长61公里，河宽50—120米，坡降最小1.1%，最大15.5%。有1公里以上支流60条，多年平均径流量13.18亿立方米。11月至次年4月，多年平均径流2.02亿立方米。

南勐河邦溜以上大河湾段，南京河段，坡降大，水流急，多巨石，深塘，枯水季水深1—2米，上游河段清澈见鱼。勐库段多鹅卵石底，河湾深塘。勐勐河段，弯道多，坡降小，汛期容易被淤沙填塞，改道成灾，枯水季水深仅0.3米……[15]

在冰岛山腰处，在王子山这边，能看到南勐河，冬季里水流量不大，但依然清晰，远看又似静止，而淙淙的水流声一直不断，甚是悦耳。

在让人皱眉头的那座山上，虽然是冬季，但我沿着崎岖小路上去时，竟也邂逅了几处溪流。原先我以为树都砍得差不多了，又是冬季，都没抱希望能看到溪流，可还是遇到了。清澈得能看到水下的每一块石头、每一粒沙子，或许是因为光线折射的缘故，水面隐隐有一种既碎裂又完整的画面感。

寨子里的生活用水皆为山泉水，人们将森林深处的山泉水用水管引到寨子里，便是天成，但每年农历2月左右的时候，会出现断水。有人说是因为生态破坏的缘故，也有人说附近生态保护较好的村寨也在同时间出现季节性断水，可能是因为气候异常所致，无论如何，都希望这是一种警醒，希望能引起他们对生态环境保护的关注，毕竟，这是他们的村寨，是他们几百年来生存的基础。

【杨春 / 摄】

即使是12月的旱季，也邂逅了这清澈溪水。

[15] 双江拉祜族佤族布朗族傣族自治县志编纂委员会. 双江县志[M]. 云南民族出版社，1995：80—81.

Waiting for a cloud to disperse

答案在自然里：等待一朵云散去

很遗憾，在冰岛老寨接近20天的时间里，我都没有看到自己期待的云海，如革登古茶山苍茫、壮观的云海，如贺开古茶山上看到的将勐混坝遮掩得严严实实的云海，还是不免失落。别说云海，就连好看的云彩都没遇到，仿佛我去的不是时候，这一点，很伤我的心，因为每去一处茶山或城市，我都喜欢仰望天空，尤其是云彩，尽管我知道，云是最虚无缥缈的，都没有一碗米线、一盘烤洋芋来得实在，可自己却又偏偏喜欢，每每遇到好看的云彩，总会驻足看半天。

可是，人生又何尝不是如此呢？我们在意的、追逐的很多东西，在生死面前，往往无足轻重。苍穹之下，我们更显得渺小，只是，我们依然会在意，依然会追逐一些东西，因为这才是我们活着的意义与乐趣。这看似很矛盾，但也不矛盾，关键在于我们在意的、追逐的东西值不值得，倘若值得，倘若能让人生更美好、更有价值，且有益这个社会的文明，那倾其一生去付出，也没什么好后悔的。

看天上的云，值得花费时间吗？之于我，值得。2019年11月月底，我住在冰岛村阿花家，白天的采访与调查过后，晚饭后无事，就趁天黑之前一个人静静地赏云。连续好几天，我都看到对面山谷之上（勐库方向）的天空中，一朵孤零零的云，从右至左缓缓飘过；只是，如同世间很多恋人的感情一样，走着走着就散了、淡了，也忘了。“程英道：‘三妹，你瞧这些白云聚了又散，散了又聚，人生离合，亦复如斯。你又何必烦恼？’”（《神雕侠侣》）说是这样说，可是“她话虽如此说，却也忍不住流下泪来。”我也如她，虽说又何必烦恼呢，可在想起一些往事时，也跟看到那朵孤零零的云散去一样，还是忍不住黯然与失落。

过去的多少路，走到今天，已无回头路；多少次说“再见”，却再也不见。相爱时甜如冰岛茶，分开时会不会苦如老曼峨苦茶，甚至，如先锋苦茶，苦至无边际。但无论如何，路还得继续走下去，也许下一次，会遇到一朵更美的云。有好几次，我都看到罗静分享勐库的云彩照片，如棉花糖，一朵朵排列开来，有序，又透着随意，那是大自然的杰作，美得动人心魄，妙不可言。而勐库镇与冰岛的距离，之于天上的云彩，又有什么距离呢？都在一朵云的温柔下，都在一杯茶的时光里。

遇到不同形状的云，停下步子，饱饱地看上一顿，丝毫不会影响我们的生活，相反，总能带来一丝愉悦。

就在这么一个社会这么一种情形中，卢先生却来昆明展览他在云南的照相，告给我们云南法币以外还有些甚么。即以天空的云彩言，色彩单纯的云有多健美，多飘逸，多温柔，多崇高！观众人数多，批评好，正说明只要有人会看云，就

【杨春/摄】

你瞧这些白云聚了又散，散了又聚，人生离合，亦复如斯

【高明磊/摄】

赶上季节

冰岛的云雾依然值得驻足

能从云影中取得一种诗的感兴和热情，还可望将这种尊贵有传染性的感情，转给另外一种人。换言之，就是云南的云即或不能直接教育人，还可望由一个艺术家的心与手，间接来教育人。卢先生照相的兴趣，似乎就在介绍这种美丽感印给多数人，所以作品中对于云物的题材，处理得特别好。每一幅云都有一种不同的性情，流动的美。不纤巧，不做作，不过分修饰，一任自然，心手相印，表现得素朴而亲切，作品成功是必然的……我们如真能够像卢先生那么静观默会天空的云彩，云物的美丽，也许会慢慢地陶冶我们，启发我们，改造我们，使我们习惯于向远景凝眸，不敢堕落，不甘心堕落，我以为这才像是一个艺术家最后的目的。[16]

天上的云，装饰着我们的岁月，不止停留于视觉，也停留于心底。而云对茶树生长的价值，则是直接的、实在的、有益的，当然，也是专业的、系统的知识。

在般生的一张老照片里，我看到了一大片白白的云层笼罩着冰岛山，山顶至山腰处已躲在云层的轻柔里，不慌张，任云层缓缓而过，仿佛能褪去岁月的尘埃。都说薄雾轻笼，可那么厚的云层也没有让人觉得有“压”的负重感，依然是轻笼之感；气势之大，颇有“夜深露气清，江月满江城”（杜甫《玩月呈汉中王》）的神韵，且自然而然，从容悠然，丝毫没有“碧雾轻笼两凤，寒烟淡拂双鸦”或“有意偷回笑眼，无言强整衣纱”（苏轼《西江月·佳人》）的愁与喜。那是他 2007 年第一次到访冰岛时所拍摄，云层的白、茶山的绿与脚下泥泞路的黄一起构成时光的真实与静谧；生活中的多少美好，倘若能够凝固，能够保存，在将来的某一天无意中打开，都能让我们置红尘的急流而不顾，愿意作短暂的停留。

【冬雪／摄】
2019 年北京的第一场雪，而此时冰岛气温还在 27℃。

【杨春／摄】
2019 年 12 月，我在冰岛已感觉到寒意，而俸勇平居然赤着上身。

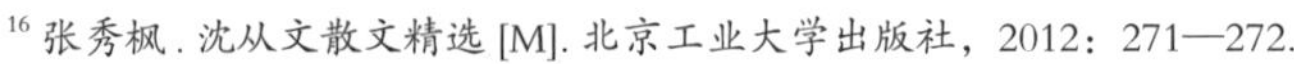

16 张秀枫．沈从文散文精选 [M]. 北京工业大学出版社，2012：271—272.

The warmth of a mountain

答案在自然里：一座山的温暖

2019 年 11 月 26 日，我第二次到冰岛考察，那天是黄昏时到勐库镇，我先到张杨家将行李放下，他看到我穿的衣服多，我赶紧说：“不敢大意，怕生病，上次来就因为生病，耽误了工作，这次绝对不能再犯那种错误。”张杨说：“这是对的，这边（勐库坝区）最冷的时候，是冬季的夜里公鸡第一次打鸣时，在 4—5℃。”放下行李后，廖福安带着我去云章茶厂吃饭，刚进门就看到廖福芳在洗衣服，她仅穿着一件薄薄的短衣，那个时候已经是七八点了，气温降了不少，我还特意提醒她是不是穿少了，结果她说不冷。

11 月 27 日早上，廖福安送我上冰岛，去的时候还有点凉，我将车窗关紧；到冰岛后，天气渐热；再到中午，才发现当地不少人还穿着 T 恤，而我还穿着一件薄的羽绒服，但还是感觉到了热——衣服穿多了；到晚上，尤其是七点半后，温度骤降，尽管我加了毛衣，还是觉得有点冷，我发朋友圈说“冰岛还是有点冷的”，结果玉溪的朋友黄智华评论说“不冷怎么叫冰岛？”，我竟无言以对。而北京的朋友冬雪则说“能有北方冷？”难道是我矫情？或许，他们不知道冰岛昼夜温差大的强烈程度：中午、下午是盛夏，当天最高气温是 28℃，但到了晚上则降到了 14℃。

11月29日，很多地区降温，帝都迎来了2019年的第一场雪，冬雪调皮地在别人的车引擎盖上画了一颗心。江苏淮安的朋友墨菲下班后没有回家，而是直奔商场给女儿买了一个白色水杯，因为她女儿一直吵着要一个，那样她就可以自由发挥、贴自己喜欢的贴纸了；晚上十点半，墨菲开车回家，路上看到还有很多妇女在摆夜食摊，于是拍下她们为生活打拼的背影发到朋友圈，并配文："这么晚这么冷，她们还没有回家。"而当天的冰岛，白天依然是夏天，中午的气温高达27℃，即便是晚上，也在12℃，温差颇大，我并不能一下子适应。

12月1日，赶上天气降温，北方多数地区飘雪，而云南滇中降温也很明显，冰岛也降温了，也很明显；当天双江县气温显示是22℃，但冰岛老寨可能在18℃。上午十点半至下午两点多，我都在何文兵家采访，当时何文兵、俸勇平、董太阳都在，何文兵、董太阳都穿着T恤，而我则是那件薄的羽绒服，到后来山谷的风吹来，我自己感觉还有点微寒，但让我惊讶的则是俸勇平了。只见俸勇平赤着上身，是的，连一件T恤都没穿；他喝一会酒，抽一会水烟筒，一直从十点半到下午，都没有加衣服。我真没忍住，问他"不冷？"，他说"不冷"。

12月2日，我回昆明，到长水机场时，还没有下飞机就看到外面的天空阴沉沉的，像极了寒冷的冬天；当我下飞机后，也确实感受到了冬天的寒冷，很多人都把自己包裹得严严实实的；到晚上，气温只有3℃。那一刻，我格外怀念冰岛的阳光，温暖得都不想动，懒洋洋地坐着喝一杯纯粹的冰岛茶，多美！

我在勐库、昆明采访时，很多人都跟我提到了冰岛老寨独特的地理位置：冰岛老寨的两个茶叶主产区，即两个大山坡，包括核心产区小广场一带和对面高高的那一带山坡，早上日出到晚上夕阳西下，阳光都会很慷慨地倾撒在这两个山坡上，为茶树的生长带来了充足而必要的阳光。这对冰岛老寨的茶叶品质起着关键性的作用，而其他四个寨子(南迫、地界、坝歪、糯伍)则没有这种优势。彭枝华说，阳光好（充足）的地方，茶的苦涩味少，而阳光少的，茶的苦涩味就重一点。

Soft soil on the rock

答案在自然里：石头上松软的土壤

但凡说到茶树生长的土壤，就不得不说陆羽的总结：“其地，上者生烂石，中者生砾壤，下者生黄土。”如果能深入地了解茶叶产区，他的这一总结便能非常直观、清晰。

2018 年 11 月，因创作《造物记：云南古茶园的秘密》，我到勐海县勐宋乡那卡考察，发现古茶园里有很多石头，有些茶树是生长在石头的缝隙间。2019 年 11 月，我因创作龙成号的图书考察倚邦大黑山，赶上茶农在除草，远远便能听到锄头落地时与土壤里的石头碰撞的声音，清脆得很。也是在 2019 年 11 月，我从版纳飞到临沧，一个人从冰岛老寨走到快接近森林的地方，真正感受了冰岛茶树生长的土壤。

张晓兵认为冰岛茶好喝的原因之一就是土壤因素——茶树下面是石头，李国建说冰岛的土壤是土夹石，董明龙也说是土夹石，并且石头特别多，但土质又很松软，冰岛的很多茶农也都认

【杨春 / 摄】

石头上的蜻蜓不怕人，配合我的拍照。

【杨春 / 摄】

冰岛的土壤多是土夹石

为是土加石。而那天，我从寨子里走到快到接近森林的地方，沿途都看到了很多石头，一些路段甚至全是石头铺就的，且非常窄，真正是羊肠小道——一只羊走没问题，两只羊并排走那绝对是问题。

我走得小心翼翼，因为路太窄，且山坡的坡度很大，如果摔倒，就有可能滚到山脚下，那一点都不好玩——之前就摔了两次。从寨子上去，小路呈“之”字形，蜿蜒而上。到了对面那座山，石头铺满了小路，很少遇到泥土的路段，走在不规则的小石块上，也确实需要注意安全。开始我以为用石块筑路只是为了安全，后来看到上坡的右手边也是用石块筑起了一道坎，防止水土流失，而有些还非常规则，能感受到是特意加固的。沿途的茶地里，也能看到很多石头冒出来，大小不一，且比较密集。上去的时候，我还听到了锄头除草时与石头碰撞那独一无二的声音，一声又一声，特别清脆，在山谷里传得很远。

而在小广场那一带，也能看到很多石头；在王子山，也遇到很多石头。最初我以为石头多的茶园，其土壤会比较硬，但一脚下去，才知道土壤是很松软的，王子山最明显，能感觉到整个人会微微下沉；而整个冰岛老寨产区自然环境最差的地方，即大家进村就能看到的那片山坡，也是我爬上去快到森林处的茶园，土壤也是非常松软的。

采访时，有朋友说冰岛的土壤渗水性强，即使雨水多，茶树也不会被潮死。也是在11月月底，我走在茶园里，被踩过的土壤，下沉相对较深的土壤呈现深色，那是潮湿的痕迹。有一处不得不提的细节是，无论是小广场一带、森林下方一带还是王子山一带的茶园，我走起来都非常轻松——鞋底没有黏土，与之形成鲜明对比的是，之前在古六大茶山和勐海的一些茶园考察时，脚步会越走越重，因为鞋底的黏土越来越厚，抖都抖不掉。

大自然中的生命，总能在我们认为最不可能萌芽的地方萌芽，总能在我们认为不太容易存活的地方存活，于陡峭的山坡上，于烂石之间，于烈日下，于风雨中，这是生命的本能绽放，也是物种对自己生命的尊重，一生一次，全力以赴。

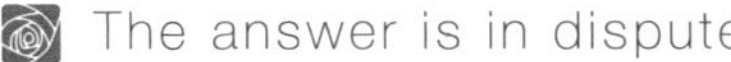

答案在茶叶树种的争议里：一定是在公元1485年的开端？

说起冰岛老寨的树种或者说冰岛老寨的茶树源头，很多人的第一反应便是1485年，这被认为是最权威的，也是比较有说服力的，因为是目前发现的最早的有文字记录的。

明成化二十一年（1485年），勐库冰岛李三到西双版纳行商。看到那里农民种茶，路过“六大茶山”拣得部分茶籽带回。到大蚌渡口过筏时被关口检查没收。勐勐土司罕廷法得知后，第二次派李三、岩信、岩庄、散琶、尼泊5人再次到西双版纳引种。回来时用竹筒做扁担，打通竹节，将茶籽装入竹筒内，带回200多粒茶籽，回到冰岛培育试种成功150多株。经繁殖发展，清朝至民国初，逐渐扩大到坝卡、懂过、公弄、邦改、邦木、邦协、勐库、勐勐等地，其他地区有零星种植。土司时期，茶叶已经成为土司向农民派捐的重要物资之一。

1980年调查，冰岛尚有直径21.3厘米的大茶树10余株。其中1株直径32厘米，树高8.6米，树冠覆盖直径9米，年产干茶百余斤。相继又在勐库镇公弄村办事处五家村后山，发现野生大叶茶母树群，其中1株主干直径54.4厘米，树高20米。懂过村办事处，以寨李登科茶地内，尚有直径20厘米以上的大茶树20余株，经考证是第一批从冰岛引种的茶树。[17]

【杨春／摄】
古茶树上的瘤。

[17] 双江拉祜族佤族布朗族傣族自治县志编纂委员会．双江县志[M]．云南民族出版社，1995：242.

但，这一定是冰岛老寨古茶树的源头？

清代以前，双江这片土地居住过布朗、佤、拉祜、彝、傈僳等民族，在这些民族中，只有傣族有文字，所以双江300年以前的历史文献现存的只有傣文版本，要查找双江清代以前种茶的记录只有勐勐傣族土司家谱中有那么几句话的记载……可那些写双江茶叶历史的人们忽略了一个重要的历史起始点，那就是勐勐（双江）傣族土司从勐卯进入双江的时间是元朝末（1358年），在勐勐傣族土司没有统辖双江之前，双江布朗族种茶的情况没有人为他们留过文字。

双江这片古老的土地，在勐卯的傣族没有迁入之前就有布朗族居住，这是研究云南民族史的学者都知道的事。

布朗族、佤族、德昂族古称濮人。濮人是云南最早种茶的族人，云南的云县白莺山、凤庆香竹箐、勐海布朗山、勐腊革登山、勐库公弄、勐库小户赛（13世纪前小户赛是布朗族居住）等地留下的特大型人工栽培的古茶树都与布朗族有关，这些地方留下的罕见的大茶树足以证明布朗族2000年前至800年前已在从事人工种茶，凡布朗族居住过的古村寨都能找到特大的古茶树，这是今天还能看到的活历史、活档案。

从双江历史来看，拉祜族也比从勐卯来的傣族先定居于双江，从勐库坝糯、懂过、小户赛、南迫这些拉祜族居住过的古寨留下的人工栽培型古茶树来看，在勐卯傣族还没进入双江之前，拉

【杨春／摄】

要多坚韧，
才能长成这样的沧桑。

祜族已在进行人工种茶，因拉祜族没有文字，拉祜族在傣族迁入之前已在勐库种茶的情况没有文字记载。

……罕廷发1480年到勐勐任土司时，勐勐山区的布朗族、佤族、拉祜族已在种茶、已有茶树，已有茶喝。

从双江（勐勐）1485年当时的历史背景来看，傣族土司罕廷发派冰岛（扁岛）的傣族村民去西双版纳（车里）引茶种应该确有其事，符合勐勐当时的历史现状，但说勐库及整个双江地区种茶是从1485年冰岛人去外地引来茶种开始就有些不符合历史状况。因为在勐库的公弄、小户赛、南迫、坝糯、懂过这些布朗族、拉祜族居住过的古村寨现今还能看到许多树龄超过600年的人工栽培大型茶树……

……最早在勐库定居、最早在勐库种茶的是布朗族而不是傣族，从民族迁徙的时间，从村寨的历史、从勐库各村寨现存的古茶树的大小树龄分析来比较，公弄、小户赛、南迫、坝糯、懂过等布朗族、拉祜族村寨种茶的时间要早于冰岛（扁岛）1485年开始种茶的时间。冰岛不是勐库最早种茶的村寨，也不是勐库大叶茶最早的发源地。[18]

对于这段历史往事，对于业界一直争论的这个观点，詹英佩在其著作《茶祖居住的地方——云南双江》一书关于冰岛部分有较为详尽的记录，感兴趣的朋友可以找来细看。

[18] 詹英佩．茶祖居住的地方——云南双江[M]．云南科技出版社，2010：75—78.

在采访张华时，他提到一个很有意思的细节，即勐库茶山河的事实上的存在。他说："勐库在100多年前，老人就口耳相传在茶山河的上游有古茶树，即1997年发现的勐库大雪山野生古茶树群落。"付兆安说："1997年天气寒冷，森林里的实心野生竹子被冻死，于是人们发现了勐库大雪山野生大茶树；但在之前，就有人发现了，只是当时没在意，也就没有传播开来。"而他们所说的实心野生竹子，是被当地人砍来做盖房的椽子所用。

而熟悉中国地名命名的人们都知道，一个地方的名字，包括村寨、城市、山河等等，往往会以当地最有特色的元素或者说最大的特点来命名，茶山河就是一个很值得研究的名字，并且在100多年前就已约定成俗、成名，那茶山河的名字的由来只能会更早——当地人知道了茶山河的上游有茶树，且是大量的茶树，才会如此命名，并最终传播，到现在依然如此称呼。张华还说起一件当地的往事，在1950年之前，茶山河一带有一个小村子，只有3户人家，喜欢抢劫，或者说抢劫成了他们的生活来源，后来被大户赛的头人知道，准备组织人马进山围攻。消息传递出去后，那3户人家就搬走了，再无痕迹。

对于冰岛老寨古树茶的树种来源，一些人认为是由勐库大雪山野生茶种经人工驯化而来，冰岛茶种是勐库大叶茶种之一。争论还在继续，但对现在留存下来的冰岛茶树的品种与品质则无争议，皆认为优质。

优质属于一个高度概括的词语，表现在一片茶叶的外形上、一杯茶汤的口感上，也表现在一棵古树茶的形状与气息上。很多去过勐海南糯山半坡老寨看过新茶王树的朋友，估计都会被茶王树的古老与苍劲所感动，那是生命在长久的岁月长河中不屈地向上。可是，如果你看过南糯山茶王树后，再来看冰岛老寨的古茶树，你依然能明显地感受到冰岛老寨古茶树同样古老。在《道光普洱府志·卷八物产》中有一段描述古茶树的文字：茶，产普洱府边外六大茶山，其树似紫薇，无皮、曲拳而高，叶尖而长，花白色，结实圆匀，如栟櫚，子蒂似丁香，根如胡桃。土人以茶果种之，数年，新株长成，叶极茂密，老树则叶稀多瘤，如云雾状，大者，制为瓶，甚古雅；细者，如栲栳，可为杖。短短一百余字，其描述极为形象，比科普文更能打动人，也更传神；既有新茶树与古茶树的对比，也有古茶树各个部分的比喻与描述，甚至还有枝干粗与细的实用功能。如果你对比两地的古茶树外形，你会发现，冰岛老寨古茶树明显能胜任这段文字的描述，且更为贴切，当然，前提必须是冰岛老寨小广场一带的古茶树。

如果细心的话，你能感觉到冰岛老寨古茶树所散发出来的气息更为苍老，我想，耳顺之年与耄耋之年还是有区别的；人如此，古茶树亦如此，关键是，人有可能会伪装，但古茶树不会。

【杨春 / 摄】冰岛古茶树，不一样的风景。

【杨春/摄】
冰岛茶树品种之一

The answer is in the tree

答案在树种里：勐库大叶茶的特点与优势

作为全国优良茶叶品种之一，勐库大叶茶已得到业界的认可与推崇：

双江勐库大叶茶是全国优良茶叶品种之一。1984年11月，全国茶树良种委员会第二次会议，再次确定为国家茶树优良品种中的传统茶树良种。特征一是植株乔木型，树势高大。主干明显，分枝部位高，枝稍开展，生长力强。叶梗粗壮，叶长椭圆，叶缘向背面翻卷，叶肉肥厚，叶色深绿。边缘锯齿大而浅，叶芽肥嫩粗壮，密被多茸毛。新梢一般一年萌芽五轮，一芽二叶重0.62克。云南省农科院茶叶科学研究所试验结果，产量较其他品种高37%—65%。二是勐库大叶茶为有性品种，茶树籽种纯度高达80%，是国内茶叶品种资源少有。三是勐库大叶茶按其形态可分为黑大叶，卵形大叶，筒状大叶，黑细长叶和长大叶5种。共同特点是茶叶中内含物质丰富，茶多酚和儿茶素较高。1982年《中国茶叶》杂志第一期刊登署名“心表”学者撰文《勐库大叶茶品种英豪》。1985年《中国茶叶》杂志第二期，刊登中国科学院茶叶科学研究所研究员虞富莲撰文，赞誉勐库大叶茶是云南大叶品种的正宗。

勐库大叶茶，由于受自然条件因素，具有条索肥硕，芽尖红茶橙黄丰盛，绿茶银白耀眼，多茸毛，滋味浓郁，鲜爽回甜等独特风格而驰名。

勐库大叶茶化学成分含量表（单位：毫克 /100 克）

含量名称	群体	黑大叶	长大叶
氨基酸总量（%）	1.94	1.66	3.03
儿茶素总量（克 / 毫克）	143.46	182.10	136.92
茶多酚（%）	27.42	33.76	28.41
L-EGC（克 / 毫克）	17.07	14.10	11.41
DL-GC（克 / 毫克）	11.79	14.02	10.80
L-EC+DL-C（克 / 毫克）	18.40	23.47	23.84
L-EGCG（克 / 毫克）	65.41	93.40	64.75
L-ECG（克 / 毫克）	30.01	37.11	26.12
L-EGC+L-EC（%）	57.40	59.03	56.03
酚氨比值（%）	14.13	20.34	9.38
咖啡碱（%）	4.24	4.86	4.61
注：L-EGC，表没食子儿茶素；DL-GC，没食子儿茶素；L-EC，表儿茶素；L-EGCG，表没食子儿茶素没食子酸酯；L-ECG，表儿茶素没食子酸酯。			

勐库大叶茶各类形态特征（单位：米、厘米）[19]

项目	黑大叶	卵形大叶	筒状大叶	黑细长叶	长大叶	说明
树形	乔木	乔木	乔木	乔木	乔木	系中国科学院茶叶研究所虞富莲《云南大叶茶正宗勐库大叶茶》一文摘录
树冠	半张开	张开	半张开	直立	直立	
幅高	7.7	6.5	6.1	6.9	8.2	
	4.9 ~ 5.3	4.8 ~ 7.9	4.3 ~ 5.8	2.9 ~ 3.5	4.5 ~ 4.6	
叶片长	17.8±0.92	16.3±0.93	18.1±0.96	17.8±1.18	19.3±0.89	
叶片宽	7.08±0.62	±7.50	7.52±0.78	6.21±0.33	6.98±0.37	
叶形	椭圆	卵圆椭圆	椭圆	长椭圆	长椭圆	
叶色	深绿	绿有光泽	绿有光泽	深绿	暗绿泛黄	
叶面	隆	强隆	强隆	微隆	微隆	
叶尖	渐尖	渐尖	急尖钝尖	渐尖尾尖	急尖	
芽叶色泽	黄绿	黄绿（红芽）	黄绿（红芽）	绿黄	黄	
芽叶茸毛	特多	多	特多	多	特多	
花冠直径	3.69×2.5	3.34×2.87	3.2×2.5	4.11×3.47	3.62×2.9	
子房茸毛	多	多	多	多	多	
茶果直径	2.97×2.66	2.84×2.68	2.62×2.42	2.44×2.11	3.38×2.76	

[19] 双江拉祜族佤族布朗族傣族自治县志编纂委员会．双江县志 [M]．云南民族出版社，1995：240—241.

原双江茶办主任杨炯说："冰岛茶的茶种就是勐库大叶种，勐库大叶种是国家级茶叶良种，属有性群体品种，分为黑大叶、卵形大叶、筒状大叶、黑细长叶、长大叶5种类型；20世纪80年代被全国茶树良种审定委员会评定为国家级传统茶树优良品种，编号为华茶12号，被誉为云南大叶种茶的正宗。"他说，"冰岛茶山上的茶树具有植株乔木型，树势高大，主干明显，分枝部位高，树姿开展，生长力强；叶片形态以长椭圆形大叶居多，故名'冰岛长叶'茶，其叶肉肥厚，叶质柔软，主脉明显，锯齿大而浅；芽壮多毫，持嫩性强；花较小，略有桂花香气；果实小，果皮薄，易剥离；萌发早，育芽力强等特征。冰岛鲜叶所制干茶条索肥壮，色泽墨绿，内质茶多酚、氨基酸含量高，具有特殊的果蜜香，香气持久，滋味浓强回甘，生津持久，深受消费者喜爱。"

而在《云南茶树种质资源》[20]一书中，则有更为详细的介绍：

三、勐库大叶种

Camellia assamica cv. Mengku—dayezhong

有性系。乔木型，大叶类，早生种。

来源及分布：原产于云南省双江县勐库镇。1985年全国农作物品种审定委员会认定为国家品种，编号GS13012—1985。

特征：植株高大，树姿开展，主干显，分枝较稀。叶片水平或下垂状着生，叶片特大，长椭圆或椭圆形，叶色深绿，叶身背卷或稍内折，叶面强隆起，叶缘微波状，叶尖骤尖或渐尖，叶齿钝、浅、稀，叶肉厚，叶质较软。芽叶肥壮，黄绿色，茸毛较多，一芽三叶百克重121.4g。花冠直径2.9—4.2cm，花瓣6枚，子房茸毛多，花柱3裂。果径1.3—2.8cm，种皮黑褐色，种径1.0—1.5cm，种子百枚重183.6g。

特性：芽叶生育力强，持嫩性强，新梢年生长5—6轮。春茶开采期在

[20] 梁名志，田易萍，蒋会兵．云南茶树种质资源[M]. 云南科技出版社，2016：61—63,66.

3月上旬，春茶一芽三叶盛期在3月下旬。产量高，每667 ㎡可达180.0kg左右。春茶一芽二叶干样约含水浸出物48.10%、氨基酸1.70%、茶多酚33.80%、儿茶素总量18.20%、咖啡碱4.10%。适制红茶、绿茶和普洱茶。制红茶，香气高长，滋味浓强鲜，汤色红艳；制普洱生茶，清香浓郁，滋味醇厚回甘；制普洱熟茶，汤色红浓，陈香显，滋味浓醇。抗寒性强。结实性弱。扦插繁殖力较强。

适栽地区：年降雨量1000mm以上，最低气温不低于-5℃的西南、华南地区。

六、双江筒状大叶茶

Camellia assamica cv. Shuangjiang—tongzhuang dayecha

有性系。乔木型，大叶类，晚生种。

来源及分布：原产于云南省临沧市双江县。主要分布在该县。

特征：树姿开展。嫩枝茸毛多。叶片上斜状着生，长椭圆形，叶长14.6cm，叶宽5.0cm，叶色绿，叶面隆起，叶身内折，叶脉11—15对。芽叶黄绿色，茸毛多，发芽密度中，一芽三叶长9.9cm，一芽三叶百芽重120.5g。花冠直径3.0—3.6cm，子房茸毛有多、中、少三种，花柱3裂，裂位高。果2—4室。

特性：春茶萌发期在2月上旬，春茶一芽三

【李兴泽/摄】
勐库种大叶茶

叶盛期在 3 月下旬。春茶一芽二叶干样水浸出物 49.75%、茶多酚 34.46%、氨基酸 3.47%、咖啡碱 5.27%。适制红茶。制红碎茶，香气较高甜，滋味尚浓厚。

适栽地区：云南大叶种茶区。

十三、冰岛长叶茶

Camellia assamica cv. Bingdao—changyecha

有性系。小乔木型，特大叶类，早生种。

来源及分布：原产于云南省临沧市双江县勐库镇冰岛村。主要分布在该县。

特征：树姿直立，分枝密，嫩枝茸毛多。叶片下垂状着生，长椭圆形，特大型叶，叶长 15.4cm，叶宽 6.6cm，叶色深，叶面隆起，叶质软，叶身内折，叶脉 14 对。芽叶黄绿色，茸毛多，一芽三叶长 8.8cm，一芽三叶百芽重 137.6g。花冠直径 3.5—3.7cm，子房茸毛多，花柱 3 裂。果 3 室，结实性中等。

特性：春茶萌发早。春茶一芽二叶干样水浸出物 49.72%、茶多酚 35.06%、氨基酸 3.36%、咖啡碱 4.87%。制红碎茶，香气浓郁，滋味浓强。抗寒性弱。对茶云纹叶枯病较为强抗，对小绿叶蝉为中抗，对咖啡小爪螨、茶轮斑病为弱抗。

适栽地区：云南大叶种茶区。

【罗静 / 摄】

冰岛干毛茶

【李兴泽 / 摄】

冰岛茶种

这些专业描述，对于我这个文科生来说比较抽象，不易理解；面对我的迷茫，彭枝华说："整个冰岛老寨产区的鲜叶，根据这些年观察下来，确实有好几个品种，有一种芽毫呈针状，细长细长的；还有一种，芽毫呈扁粗、椭圆状。而针状的茶叶，从芽头到叶子底部都呈针状，非常均匀；另外一种芽毫尖，但后面渐宽、渐扁，有点像中国古代的剑。"

如此描述，我似乎懂了一点点，彭枝华继续说："冰岛茶的鲜叶跟勐库其他山头的确实不一样，（冰岛鲜叶）嫩叶的背面上的茸毛，比勐库其他山头的要更多、更密集、更油亮。"而说到"油亮"，他用了一个比喻："其实就是光泽度，在农村生活过的人，特别是家里养过猪的人应该比较熟悉，鲜叶背面的茸毛类似于小猪仔的毛，有的是光滑的，油光水滑；有的是毛呛呛的，不光滑，不油亮。"他说的这个比喻，我觉得好像也可以用在人的精神状态上，即容光焕发与萎靡不振，茶叶与人也是有相似之处啊。

彭枝华补充说："并且一片茶叶的茸毛是整齐的，朝着同一个方向。相比较，整个勐库产区，无论是鲜叶，还是做出来的干毛茶，冰岛茶同一品种的都是一样的，对于我们来说，因为常年收购冰岛原料，所以还是很容易区分的。"

而张华在过去收购冰岛原料时，还遇到一个情况。本来是要收购某一棵茶树上的鲜叶，后来发现不对，有些鲜叶不像那棵树上的，于是就提出来。茶农很惊讶，问"你怎么望（看）得出来"，张华说"我也是勐库人"，张华没说的话是：我跟茶叶打了一辈子交道。

【高明磊／摄】
冰岛，一个有历史、故事的地方。

The answer is in the name

答案在名字里，也在历史的土司尊享里

说起冰岛之名，对于普洱茶行业外的人来说，可能第一反应是北欧冰岛，这是很多人第一次认知勐库冰岛的一个小误会。现在的冰岛之名，是音译。过去，有人称为“扁岛”，有人称为“丙岛”，而张平说，第一个字在当地过去的方言是读作“Biǎng”，并且要读第三声才够味，也才够准确。第一个字的音译有多种，相应的，也就有几种不同的理解与诠释，而冰岛名字来源的奥妙也在此。

“扁（丙）岛”在傣语里有两个意思，一种是容易长青苔的地方，这可以理解为海拔较高、生态环境较好，而不管是临沧还是版纳，古茶树较为密集的地方皆是生态环境极好且人迹较少的地方，也确实容易长青苔，所以“扁（丙）岛”便被衍生出另外一种理解，即容易摔跤的地方，有人也说应写作“丙倒”，路窄而陡，容易摔倒。在我第一次到冰岛时，便有朋友“友善”地提醒我不要摔跤，很不幸，我几次到冰岛，每一次都摔了一跤，而事实上，我摔跤并不是因为路滑，而是因为不小心踩空所致。不过，冰岛地势较陡、较险倒是真的，走路要小心也是真的。另外一种意思是用竹篱笆做寨门的地方。这在过去，也是很容易理解的，并且因为过去冰岛发展较为落后，又被衍生出“风吹篱笆倒”之地，颇有杜甫大作《茅屋为秋风所破歌》之神韵“八月秋高风怒号，卷我屋上三重茅”。

我在冰岛老寨采访时，有一位勐库镇的人说，冰岛的历史渊源重点在“丙”字上，但他不愿意说详细……当然，冰岛古茶园作为历史上勐勐土

司的皇家茶园、私人茶园，长期承担着勐勐土司于公于私的重要使命，对现在冰岛茶的价值有着较为重要的影响，这或许可以看作是历史对冰岛的一份丰厚的遗产，毕竟，不是每个地方的茶叶都能独享五百年的专宠。所谓贡茶，进贡京城皇室的是贡茶，而旧时土司专享的也可以视为贡茶："土司者，一曰土官，古封建诸侯之遗法也"[21]。

在1950年后，冰岛老寨还保存着总佛寺，这里不打鼓（不打第一声鼓），山下（勐库镇）是不能打鼓的；只有这里的鼓打过之后，下面的寨子才能过泼水节，这可侧证冰岛老寨非同一般的地位。不幸的是，冰岛总佛寺在"文革"时被毁掉了。

[21] 方国瑜. 云南史料丛刊・第十一卷・道光云南志钞七 [M]. 云南大学出版社，2001：575.

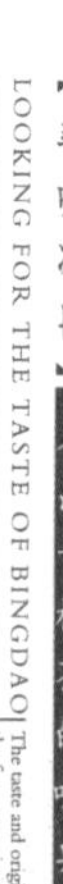

【胡继男／供图】

远离冰岛的东北，对冰岛茶的喜爱不亚于其他地方

Price is a booster

【价格是助推器与尝试性消费】

2006 年，于翔进入冰岛；2008 年，申健进入冰岛；随后，更多商家进入，这些力量在冰岛的资源争夺战客观上对冰岛茶的传播起到了极大的作用，使之让茶界以及消费者关注到冰岛茶，并愿意了解、消费冰岛茶，并最终在“2012 年，双江勐库冰岛茶价格超过老班章，成为最贵的山头茶”[22]。

价格在商家与消费者等多种因素推动下，一直大幅上涨，虽然冰岛茶以香、甜、柔被封“后”，但在价格上，已封“王”。对于冰岛茶的价格，社会上的评价褒贬不一，但事实上，对于冰岛茶的传播却又有利。胡继男说自己所处的北方市场（严格地说应该是东北市场），对于云南普洱茶来说属于新兴市场，一般消费者可能更接受知名度较高的茶类、大品牌的茶叶，像过去的铁观音、

[22] 周重林，杨绍巍．茶叶边疆：勐库寻茶记 [M]. 华中科技大学出版社，2017：302.

龙井茶，后者（龙井）是受影视作品影响——2万块一两，这样喝起来比较有面子。周围的茶叶消费受价格影响较大，对于普洱茶，比较认可老班章、冰岛的名字，因为贵，但也只知道贵、有名气，所以大家都想尝试一下最好的茶（最贵的茶），但并不真正的了解云南普洱茶，为什么这么贵？很多人都好奇，却又不懂，所以一些人会尝试性地买一点冰岛茶来喝，以此表示喝过。

胡继男认为北方市场对普洱茶的需求特别大，但普洱茶文化方面还有所欠缺，可能跟不愿意看书有关，但他们喜欢听，喜欢在一起聊天时从别人口中获知信息，而一边喝茶、一边聊天，也是较为日常的交流方式。他们很好奇自己买到的冰岛茶是不是真正的冰岛茶，如果价格低到19.9元包邮的冰岛茶是真的，那为什么价格那么低？为什么其他的（冰岛茶）价格高。讨论这些，也是一个很享受的过程。

胡继男说："对于冰岛，如果不懂云南普洱茶，最先联想到的是北欧冰岛，会奇怪地问'北欧也产茶？'这个就需要当地的经销商来解释，但这很有必要，因为周围缺乏喝茶的大环境，缺乏与产区息息相关的知识，很多茶文化的知识过于概念化，毕竟，很少有人能够亲临云南古茶山，亲临勐库冰岛老寨。"

而对于高端产品，作为云南普洱茶双子座之一的冰岛茶，规模较大的普洱茶企业一般都会开发其产品，使之成为标配或形象产品，以此以示周全；对于那些专注冰岛、昔归茶叶的茶企来说，冰岛茶更是其重中之重；对于专注于勐库茶叶的茶企来说，冰岛茶的地位亦非同小可；对于喜欢甜柔口感的发烧友或小众玩家来说，冰岛茶更是一个无法拒绝的选项，缺少了冰岛茶，你都不好意思开一家茶店。

甲说："市场上能接受价格较高的冰岛茶，说明更多的人来喝普洱茶了。"

Green gold

【绿色黄金与“杞人忧天”的思考】

在冰岛老寨采访时，某茶农说有人来这里勘探，说附近有金矿。我笑着说：“这里真正的金矿不是金柜里那些夺目的贵金属，而是这一棵棵古茶树、一片片绿色的芽叶。”矿物学上的黄金属于一次性开采资源，采了就没有了，但冰岛的古树茶，每一片都是真正的绿色黄金，且已成为事实上的黄金；更让人艳羡的是，只要古茶树不死，便可年复一年采摘，便可在春、夏、秋三季里采摘，如此循环，茶树上生长的，不是黄金叶，那是什么？

作为目前市场认可的高端茶，冰岛茶只要保护到位，大概率的会持续、长久地给当地茶农带来源源不断的财富。莫诗云认为冰岛茶符合高级茶汤的要素，符合市场对高端茶的诉求，其甜韵、喉韵、茶韵、玫瑰花香与兰香交融的香气及其清凉之感等等，都满足了消费者对一款高端茶最基本的标准与诸多想象。所以，冰岛茶价比黄金，古茶树与生态环境的保护就显得格外重要。

我们都知道，茶树的生长喜欢散射光，砍掉茶园里的遮阴大树等行为，会破坏茶树的生存环境。乙认为古茶园应该是生态的、原始的，从环境来说，乔木、灌木所分成的两层会影响茶树的生长速度，自然也会影响产量，所以茶叶比较生态、品质比较好，鲜叶所含的营养成分也比较丰

【杨春／摄】
进村即能看到，跟过去的生态环境相比，还是让人担心

富。比较好的采摘季节为春茶、秋茶，而人为的过度干预，枝叶修剪得过快，一旦断枝、断头，就会改变茶叶的内含物质，也就改变了口感。

因为勐库大雪山原始森林的庇佑，冰岛老寨的大环境自然没得说，但其小环境真的无法去赞美，尤其是正对着的那座光秃秃的山，要我去赞美？那太违心了，真做不到。还有一点，我发现从勐库镇到冰岛老寨，尤其是沿着冰岛湖的那段路，长着很多肿柄菊；而冰岛老寨也有为数不算多的分布，这实在不是一件好事。这种外来植物的侵略性之强、生命力之强，连当地人都叹为观止，他们发现怎么都弄不死，除掉半个月后，如果遇到水，居然能复活，所以当地老百姓称之为“厚脸皮”。邹东春认为环境是第一位的，茶林混生的茶叶品质才好，生态环境非常重要。

还有一点不得不说的是，当下的冰岛茶，价格的确太贵了！对于这个问题，当然可以讨论，或许因为是贵得足够有理由，但茶叶终究是消耗品。兰琦说，还是希望冰岛茶的价格能回到理性上来，茶叶是用来喝的，最终还是要到消费者手中。张凯说，茶叶市场还是有些混乱，不是水深，而是水浑，最难的是信任，不管你做什么，都会有人觉得不真实。当然，这也是一个过程，不管是源头、厂商还是中间商、终端，算是在博弈吧，希望最终的结果是皆大欢喜或者彼此妥协趋于稳定，而非其他。

【杨春 / 摄】
茶花的使命是繁殖，茶人的使命是什么呢？

【高明磊/摄】

最近这十年，
冰岛茶的热度只增不减

冰岛茶炒作始末

本篇根据申健个人提供的录音整理为主（录音时长约 2 小时），录音时间为2013年，正值冰岛茶突飞猛进之时。

2007 年，是一个让当时整个普洱茶行业从业人员都心惊胆战且难以忘记的年份，因为普洱茶市场遭遇断崖式暴跌，很多茶商因此破产，惨淡的行情一直延续至 2008 年。

“福兮祸所伏，祸兮福所倚”，这同样适用于 2008 年低迷的普洱茶行业，既四面楚歌，又蕴藏着机遇。在这一年，有人选择放弃、改行，也有人选择坚持，去思考行业，去探寻好茶及好茶之道。山朝永说古韵流香就是在 2008 年进入冰岛老寨，并赚到了第一桶金（后来经了解，赚到第一桶金是在 2009 年）。更多的茶企、茶商也是在 2008、2009 年进入冰岛老寨、接触冰岛茶。云章茶厂的罗静即是在 2009 年接触到冰岛茶，这是她最早接触到冰岛茶；也是从这一年开始，云章茶厂每年都会做冰岛茶，一直坚持到现在。

对于冰岛茶，外界比较关心的话题、也是讨论最多的话题有三个，第一个是每年冰岛茶原料的价格，第二个是口感，第三个就是冰岛茶曾经的炒作事件，或者说，冰岛茶曾经是如何火起来的。本篇介绍的，即是当年冰岛茶炒作始末。

The hard way

2008 年：偶遇冰岛茶与艰难的路

2008 年，因为普洱茶处于低迷时期，申健没什么事情做，就放下昆明的工作，去临沧游玩。他说当时去临沧旅游的人比较少，他自己觉得临沧应该还是有很多古茶树的，所以顺便也去临沧了解一下茶叶资源。当时申健在一个老旧的茶叶市场喝到一泡冰岛茶（散茶），一下子就被打动了，觉得那款茶特别对他的胃口，他说之前从没有喝过那么好喝的茶叶，包括老班章。每个人的品饮习惯与爱好都不一样，喜欢的茶叶品种也不一样，当时就觉得那款茶特别好喝，所以记忆深刻，时至今天讲起来，他依然神采飞扬。

于是，申健决定去冰岛老寨找茶。因为他认为，如果要收好茶，那一定要收碰得到头的——能够找到源头（茶树资源）的。

【杨春／摄】

这种微型车，现在勐库还有很多。

申健说："到了勐库后，我们的车进不去，因为当时那个路（从勐库镇到冰岛老寨的路）特别难走，并且远，从镇上到村寨里有30公里，走路不行，走路需要一天。所有人一听我们要去冰岛，都没人愿意去，并且租不到车、找不到车，没有人愿意带我们去。没有办法，我们就住在勐库，想办法要上去（寨子里）。住了两天，才问到一位女司机，刚好她家是南迫的，正好要回去，她愿意带我们，最后租了她的车，就那种后面有四个轮子的微型车，是货车。"他说的这种微型车，即使是今天，在勐库镇依然能遇到，非常实用，既可以坐人，也可以拉货。在2019年10月和11月的两次冰岛考察中，这种车还一度成为我的专车。

申健说："那次（去冰岛）坐那位女司机的车，把我们吓坏了。女司机是一个佤族人，一个很猛的女人。当时的路太烂了，刚好修水库（即现在的冰岛湖），并且是七月份，赶上雨季，路上遇到塌方，关键是塌方还比较严重，把路面掩埋了。人们就从上面稍微挖了一下，方便过去。那位女司机开车特别猛——现在的路是重修的，原来的路是在山上，女司机如果开得慢，路非常滑，车就上不去，所以她需要加油，需要冲上去，而旁边就是悬崖。当时我们去了四个人，我自己因为年龄大，就坐在副驾驶，在前面可以看清楚状况。她一脚油门冲过去后，右边是悬崖，加上路滑，又是坡底，我自己是看不到路面的，感觉像悬在半空中。

【高明磊／摄】

过去从勐库镇到冰岛老寨的路并不好走。

我们都提心吊胆，路上一个人都不敢说话，也不敢批评女司机。后面的路也全是坑坑洼洼的，可谓是最极致的烂路，哪怕是四驱的越野车都不容易过去。”

对于申健说的这种烂路，我深有体会，2018年我在勐海县调查时曾经遇到过，就在帕沙和新囡，四驱越野车也遇到了危险——打滑或者不敢前行，因为一旦深陷泥坑就不容易出来，但最怕的还是打滑，那种体验，一辈子一次就足够了，不需要第二次。所以我对现在从勐库镇到冰岛老寨的弹石路非常知足，从来没有抱怨过，毕竟，跟那种烂路相比，已经堪比高速公路了。申健对现在的路也很满意，“现在好走了，都是小砖路了”。

申健说：“后来车开到距离冰岛还很远的地方，就过不去了，我们就走路上去。事实上，还有一个情况。当时我们先到了南迫，那位女司机很好玩，她想骗我们，说这里（南迫）就是冰岛老寨，实际上是新南迫；因为我们当时请了专门的向导，一天200元的费用，他当时坐在后备箱，向导说冰岛老寨还在山上。女司机看到我们不愿意跟她走，就抛弃我们，她自己回家了。我们就从山坡上爬到冰岛老寨，走路花了一个半小时。”

对于2008年偶遇冰岛茶的经历，也是较早接触冰岛茶的经历者，申健还是很自豪：“冰岛茶历史上（早期）的很多东西，能拿得出来资料的（厂商）并不多，但我自己拿得出来。”

【莫诗云 / 摄】
冰岛茶的初制环节，越来越标准

The most suitable process

2008 年：寻找冰岛茶标本及其探寻最合适的工艺

申健说：“当时我们到了冰岛后，就去茶农家喝茶，一家一家地喝，做比较；最后发现他们做的茶，口感差异很大，没有遇到一款能跟之前喝到的茶相提并论，也没有遇到能打动自己的茶。我们判断是工艺没有章法。”

后来，申健遇到一个认识的小伙子（丙），就在冰岛做茶叶的初制，觉得丙不错，年轻、有文化，于是决定与他合作。申健说：“我们让丙按我们自己的方法来做茶。因为他们在上面（冰岛）做茶，感觉工艺跟我们的不一样。实际上，他们以前做茶的理念是学习大厂家，都是做大众茶，工艺上还是比较传统的，大众茶与精品茶、高端茶是有区别的。当时的大众茶都是机器炒茶，几乎每个寨子都是这样的工艺。”

于是，申健就让丙改变一下，开始手工炒茶，因为高端茶要手工制作才是最好的。

培训后，申健当天就离开冰岛了。他说：“当时冰岛的条件非常艰苦，第一次去之前不了解，去了后才知道，都没办法住。”离开之前，申健让丙先做第一批样品出来。申健回到昆明后，过了一段时间，丙做好了样品并发给申健。申健喝

过后，还是觉得不对，于是开始给丙打电话沟通。“他（丙）跟我们的想法不一样。我们就探讨样品的问题出在哪里”，申健说。

沟通，当时也是一件不容易的事。后来，申健觉得在电话里也讲不清楚，就一个人再去勐库、再上冰岛。

到了冰岛，申健带着丙再次到茶农家里喝茶，也是一家一家喝茶；喝完后，碰到一家人的茶做得特别好，当时就问那个茶农“这个茶是怎么做出来的”。因为之前申健教给丙的做茶工艺是传统的，是从勐海带过来的，也融合了一些其他地方的方法，但可能并不是最适合冰岛茶的，所以他们跟这个茶农探讨所喝到的茶是怎么做出来的。

申健说：“其实，这个茶农也不懂自己是怎么做出来的，也不懂好不好喝。我们就问他，你昨天是怎么做的、怎么干的，一步一步的程序是什么，他就回忆出来了。因为，他可能是无意中做出来的，可能今年做得好，可能明年就做不好。我们帮助他回忆，最后就把他做茶的过程总结下来。总结后，我把这个茶农的茶叶全部买下来，做成样品，让丙反复喝。因为这是一个很好的标本。当时，当地的茶农没有多少人明白冰岛茶为什么好喝？人家（消费者）为什么喜欢冰岛茶？为什么卖那么贵？真正的冰岛茶是什么样的？什么是假的冰岛茶？当地人很难分别。冰岛茶突然火了，他们也莫名其妙。过去，他们做茶很简单，收鲜叶、炒制好，卖掉原料，就结束了。但冰岛茶，真的太独特了！”

Tough standards

【2008 年：艰难的标准】

2007 年普洱茶暴跌，给很多人都上了难忘的一课。

申健说："2005—2007 年普洱茶行情疯狂的时候，没有几个人在茶叶品质上较真，我们过来人都知道茶叶要怎么做怎么做，但当时没有谁理你；大家都疯抢原料，只要是茶叶都卖得掉，你说不要，马上就有另外的人抢着要。我们都抢不到原料，轮不到自己。那个时候，你跟茶农谈工艺，就属于异类。所以我特别感谢 2007 年的暴跌，因为到了 2008 年，到很多产区时，茶农发现收购茶叶的老板不见了、茶叶卖不掉了，好不容易看到一个买茶的来了，都愿意和你沟通。要是之前，你是无法认真做品质的。

在那种环境下，整个市场都静悄悄的。我们做茶的人，包括茶农，都静下心来想想怎么做茶、研究具体的工艺。我们根据从那个茶农那里总结的经验，再完善我们的制作。"

后来，申健就将冰岛整个产区分版块，细分为向阳的、向阴的、靠树林的、靠山沟的……并去区分每个地方的口感及其差异，然后去找最好的茶叶，在他看来，有些地方的茶叶也不好喝。

申健说："我们把好喝的茶叶作为标准，作为样品，然后按照总结的经验去制作，同时控制好鲜叶的来源，控制好茶树的一些资源。我们开

始就是这样做下来。后来，我和丙达成了共识，经过品质控制与工艺调整，最后茶叶做得越来越好。

2008年，我们基本上只完成了相当于产品的定级。当时只做了秋茶，因为没赶上春茶，也相当于实验性的做了一批茶叶。之前，我们公司的重心（原料方面）是在勐海，我自己对冰岛茶比较喜欢，当时冰岛茶的价格在勐海属于中等，还是很有优势。2008年，在冰岛你能见到的茶企不多，多是茶贩子去收一点（原料），或者很多人带出去外面卖，价格也很便宜；2008年当地的台地茶才卖10块钱一公斤，冰岛茶到七八十块、100块，还是很贵的，很多人不敢碰这么贵的茶。2008年冰岛春茶在100多一点，秋茶在四五十块，够便宜吧。”

【申健／摄】
古韵流香2008年的冰岛茶

【申健/供图】

申健是较早进入冰岛产区的茶商。

Contracting storm

2009年：韩国人进入冰岛与承包风波

2008年，申健打好了基础；2009年，他重点想好好做冰岛茶，上量、上规模，可是，韩国人来了（据另外的讲述人介绍，2006年时韩国人就已在冰岛做茶）。

申健说："到了2009年，来了一波韩国人。他们特别善于宣传，这带来了行业与市场的误解，导致很多人认为冰岛茶是韩国人炒起来的。他们带了一帮炒茶的师傅上去（冰岛），到茶农家里做茶；他们去了很多人，还有人专门拍照，后来才知道是用来宣传。

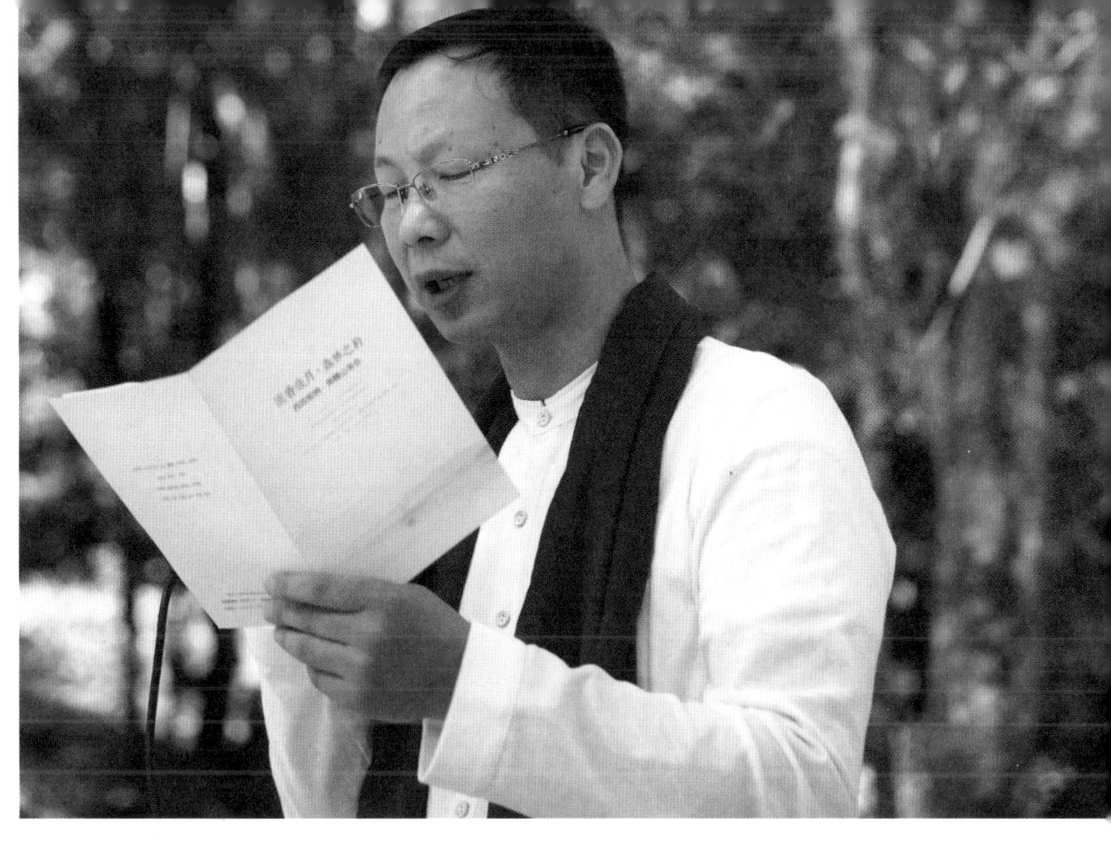

开始，我们还是抱着挺尊敬的态度对他们的，因为他们很认真，都是手工炒茶，并且每次炒茶都先洗锅，要求还是比较严格的。后来，我们发现他们收购鲜叶有一个特点，他们要求收购一芽二叶的茶，看着很漂亮的茶。因为，我们知道在上面要采摘一芽二叶的茶，难度很大，古树茶是很不容易做到的。这个问题，专业的人就懂了，古树茶如果要采摘标准的话，产量会下降得非常大，要少一半的量，因为古茶树生长不均匀，一部分先发芽，一部分后发芽，它们是陆陆续续地发芽。但其他茶树一旦发起来，就是一片一片的，这个时候的鲜叶采摘就是很标准的，而且其他茶树是先发芽的，古树茶是后发芽的；古树茶发芽的时候是东一棵、西一棵，加上时间上有先有后，所以茶农在采摘鲜叶的时候，不可能每天都去采摘，一般会选择一个折中的时间点，稍微会采摘过了——有一部分会更嫩，有一部分会更老。所以实际情况的这种鲜叶采摘，古树茶的鲜叶不太可能是标准的一芽二叶。

看到他们收这种茶，只是为了外观好看，我就觉得不应该。如果你要纯粹地追求外观好看，你去收台地茶，包括最漂亮的单芽都可以收到，就不要说一芽二叶了。我们收购茶叶，刚好可以和他们错开。他们把一芽二叶的茶的收购价格拉得很高，差不多到 300 块一公斤的干茶，算下来到七八十块一公斤的鲜叶，最后就是一公斤干茶 300 块左右的成本。他们收了一些古树茶和其他茶树的鲜叶，我们收古树茶，但我们的价格比他们的还便宜。我们的合作方、帮我们收购原料的丙，他就比较懂茶，懂普洱茶的精髓。

他们收他们的鲜叶，我们收我们的鲜叶，我们也不吭声，而且我们的价格还比他们的便宜，这其实就是专业性的一个参与。我们有条件做好茶，是因为我们懂什么茶好，且价格不高。他们要那种茶，拉那个价格（抬价），他们轰轰烈烈地收茶叶，不仅声势很大，而且提高标准，但收购的量并不大，因为要求是一芽二叶，最后收了几百公斤干茶就走了。那个时候，我们做了一吨的干茶，并且都是春茶，不包括秋茶。冰岛老寨一年总的产量在七八吨，其中秋茶总共能产 2 吨。当时我们没有收夏茶——做所有的产区，一直不做夏茶；后来没办法，因为承包了茶园，夏茶做不做，实际上都出了钱。

我回到昆明后，市场上就开始流传‘韩国人把冰岛（茶树）承包了’，这个肯定是他们宣传的。当时我特别生气，因为不止一个人跟我讲‘韩国人把冰岛（茶树）承包了’，言下之意就是，对方都已经承包了冰岛的原料，你还做冰岛茶，就意味着你是在做假茶。开始我不愿意说出来，因为我们清楚他们的情况，他们在下面（冰岛）

收购的量、谁帮他们买的、多少钱买的、在哪里买的，我们都清楚。但后来市场上都这么讲，那我们的冰岛茶算什么？实际上，我们做的量比他们大得多，结果变成我们是假的。后来，我就编了一条短信，把他们在冰岛的行为、具体的情况发给问询我的人，发到茶圈子，当时还没有微信群。之所以将信息发布在一定的范围内，没有发到媒体上，是因为我只是要自己的朋友圈，我们也要生存，得罪人的事情不愿意干，现在的态度也一样：你干你的，我干我的。”

但无论如何，我们都不得不承认的是，经过韩国人的这番炒作，冰岛茶的知名度快速提升，价格也确实拉高了。需要说明的是，这里有一个认知的现实性，即至少在那个时候，同属东亚圈的韩国人到冰岛收购茶叶，对于普洱茶行业来说是一个爆炸性的事件，其影响力不止是做茶人，还有广大的普洱茶消费者，换句话说，如果换作现在，或许也有一定的影响力，但远不如当年。如果当年换作国内的茶商，其影响力也远远不如韩国人。当年韩国人到冰岛收购茶叶，极有可能产生这样一种心理暗示：韩国人都去收购茶叶的地方，那茶叶品质一定不错。这种心理暗示会影响到人们对冰岛产区的关注度，并产生持续的话题性，这对一个不出名的产区来说是非常关键的。从这一点来说，韩国人当年到冰岛收购茶叶的时间不管有多短，在客观上推动了冰岛茶的发展，对冰岛茶能有今天的局面是有利的。

申健说：“2008 年冰岛茶的价格没有老班章茶的高，一直都没有老班章高，是这几年才高起来的。2008 年陈升号给老班章茶农定的鲜叶价是 100 块一公斤，是通收（包括古树茶、大树茶等）；2009 年是 600 块左右。冰岛茶原来比景迈茶还便宜一些，从 2009 年开始，冰岛茶就超过很多产区了，比勐海、易武的很多产区都要高一些。也是 2009 年，当时很多茶厂都看不起冰岛这种小产区，一是小产区的量太小了，不划算投入时间、精力精耕细作；二是价格太高了，因为当时勐库很多产区的原料价格只是 30 块左右，这个 30，那个 300，受不了！”

【罗静 / 摄】

茶树看似不高，但仍然需要搭架子才方便采摘鲜叶。

A changeable year

2010 年：多变之年，价格直线上涨

申健说："2010 年特别好玩，做茶人都知道，这一年云南大旱，茶区大量减产，很多茶树都死掉了。2010 年开春，那波韩国人又跑到冰岛，可能他们是头一年尝到了甜头，刚到山上就说'冰岛茶，我们要全部承包'。当时茶树还没有发芽，因为旱灾，茶叶减产；这个时候——春茶还没有开始收购的时候，更有实力的茶人（丁）转租了冰岛的很多茶树。"

说起丁，即使已经过了整整十年，申健依然忍不住赞叹，"这个人神啊！""神"，在云南的语境中，表示神奇、极具传奇性与故事性。

申健说："最关键的是，丁在冰岛收茶，不是为了做茶，不是哪个厂家、公司的行为，而是，他自己就是消费者，就是普洱茶玩家。他上去冰岛，一下子就把价格拉到一个较高的水平……韩国人不见了。开始韩国人说要承包冰岛，结果丁一招就把他们玩废了，后来他们就跑到其他地方去了。

2009 年，我们其实是跟韩国人打，但属于你搞你的，我搞我的。那几年，我们是悄悄地做茶，不吭声，不想让别人知道；很多东西一直是藏着的，寨子里谁做出来的茶、怎么做出来的……这些东西在当时是藏着的。现在来看，这个思路也

是对的，因为在产区，还是会有挖墙脚等事情的发生，还是有人会乱搞。我更在意的，是消费者觉得我们的茶叶好喝、我们的产品在市场上获得认可就行，并且冰岛茶农知道我们，知道我们在认真做茶，这就够了。

但到了2010年就不一样了。茶叶减产很严重，茶叶根本出不来，丁遇到一点就收一点，所以把价格拉得很高。我们当时很被动，去年300块，今年800块，你干还是不干？站在今天的角度看当时的价格，其实并不具备可比性。2008、2009年的普洱茶行情是很冷清的，2010年开始好起来，春茶开始收购的时候，你怎么知道今年会怎么样呢？问题是，丁不是消费者，他收购原料不是拿出去卖的，他不按常理出牌，他无所谓卖得出去还是卖不出去；但我们不一样，我们出价800块收，就是花800块钱买的茶叶，这个是下了血本的，这个成本你也要算算，是要加在茶叶成品的价格里的，产品最终定价太高，消费者能接受吗？卖不出去该怎么办？

当时我们真的被动，但还是要挺着。我们跟茶农打交道，必须要收原料，不然以后就没办法打交道；于是我们控制量，不能放开收购，不然一下就没钱了。我们减少收购量，按照原来的计划减掉一半，但价格还是要跟其他人的一样，不然茶农不卖茶叶给你。后来，价格降了一些，我们又用省下的这笔钱又做了一批茶。

2010年春茶季结束后，到了下半年，冰岛茶的价格（800—900块一公斤干毛茶）就跟老班章茶差不多了，冰岛茶一下就出名了。之前，外界也知道冰岛茶，但跟景迈、麻黑差不多，而经春茶一战，冰岛茶价格一下子起来了。”

【张福祖 / 摄】

冰岛古树茶魅力一年胜过一年。

Secret battle

暗战：突来的茶地出租机会与抢夺战

经2010年春茶季的价格飞涨，引得各路人马虎视眈眈，包括追求高端茶的商家、玩家，也包括Y。客观地说，Y也有送礼的需求，这也是我们过去的实情，当然，现在很少有这种情况发生了。倘若冰岛茶价廉，或者其他特产出名，比如土豆、橄榄，那还好办，买就是了，但2010年时，冰岛茶的价格相比过去，已经涨了太多太多，这就带来了一个很不好处理的问题：买，太贵；不买，又有这个需求……

申健说："因此，Y就很被动，他想要一点冰岛茶，也得出钱，但茶叶在茶农手上……这个时候，刚好H公司想进入冰岛，这也正常，当时很多公司都对冰岛茶感兴趣；因为H公司的老板跟Y关系比较好，H公司就鼓励Y，最后想了一个办法——在冰岛村搞一个合适的项目，然后名正言顺地'分享'一些冰岛茶资源。后来，他们就去跟冰岛茶农说这个项目，但项目卡在了费用上，因为前些年冰岛村是很穷的，只是在2009、2010年上半年，茶叶价格上涨厉害，茶农才富了起来。项目涉及盖房子，就需要花费很多钱，茶农说'没钱'，他们就说'你们有茶地，茶地可以租出去，这样就有钱了'。而H公司，就想以租的方式来'分享'冰岛茶资源。结果，这个消息（冰岛租茶地）就传出来了。

【杨春／摄】

不同的季节，
古茶树有不同的风姿

这是2010年下半年的事情。这个消息传出来后，我们自己也去租，市场上有几家都去租，包括丁也去了，并且他是租得最多的一个。既然是租茶地，那租给谁都可以，租给谁都是租，关键就是钱。到了冰岛村后，我们就跟农民谈租茶地的事情，当时谈了15家。这个时候，丁是直接抱着现金去的，当时只要你说10万，他就马上给钱，包括五年一次付清、十年一次付清。他在寨子周围转了一圈，挑了自己喜欢的茶树，将其租下来，那种场景，就是抢，茶树好像都不要钱，太壮观了！

当时抢的时候，我们本来有3家茶农——我们和他们之间有基础，也有亲戚关系，沟通也比较好，也一直在上面做茶。我问他们的价格还是比较实惠的，我们都已经谈好了，但还没有来得及签协议，本来是一年5万、五年25万，后面他们将茶树租给了其他人。大部分茶农还是会跟我们反映这个事情（价格的信息、租给了谁等情况）。后来一看这个架势，我们没办法，只能跟着涨价。我们跟冰岛的很多茶农合作很好，一直打交道，彼此比较信任，因此，我们本来只出5万，后来我们就出到了7—8万，这是一个比较折中的价格，并且当时的很多茶农还比较朴实，我们就赶紧加价，把合同签了。这样，我们就保住了12家茶农的资源。

在谈判的时候，我们就挑了一些产量高的、品质好的茶地。寨子周围的茶地、茶树容易出高价，而偏远的地方就注意不到，价格也相对要低，

【张福祖/摄】
冰岛古茶树

我们就赶紧和茶农把合同签了，这样就稳住了。当时冰岛是44户人家，户头上是52户，但有些搬迁了，有些是人已经不在了，所以实际上是44户，我们签了12户。后来，就只剩下10户。我们有一张电子表，涉及冰岛所有的人家，包括有多少家茶农、多少家有茶树、其他品牌租了多少、我们租了多少、哪些有古树茶、哪些没有古树茶、哪些只有几棵古茶树……这些都有具体的名字、数据。当时的一家茶农有十多棵古茶树，是抵债给南迫的一户人家，我们不好弄，是云南茗片租了下来，但那些古茶树很大，也非常漂亮，很不错的古茶树；2011年下半年，他们又把这十多棵古茶树租给了世昌兴，世昌兴原来是做勐库戎氏的经销商。

最后是剩下一家茶农的古茶树没有租出去，也是只有10多棵，因为他们家有大量的小茶树，要和古茶树搭配着出租，所以没有人要，也就没有租出去。当时郜鸿亮也租了一些，他们公司也因为冰岛茶而受益。再到后来，很多品牌都进入冰岛，冰岛茶资源也在各品牌手里流转，价格也越来越高了。

当时跟我们签合同的茶农，有签了3年的、5年的……具体的时间期限主要是看茶地主人家里需要多少钱。有些茶农茶地多，有些茶农茶地少，比如他盖房子要40万，那就签长一点。但最后算下来的成本，2011年秋茶的价格比2010年的春茶价格还要高，所以当时很多人都不敢动。”

Secret battle

暗战：夜里紧急改合同，提高违约金

申健说："冰岛茶资源有限，属于茶农的茶树很快就被'分完'。事情发展到这个程度的时候，已经超出了最初让茶农出租茶地的'想象'；因为各路人马闻风而动，租金已经到了一个很高的程度，导致成本远远超过之前的价格，所以更多的是外地茶商在参与。Y希望茶农跟H公司合作或者把茶地租给某范围之内的茶企，茶农的意思是也可以，但至少出一样的钱。

事情到这里就比较尴尬、比较紧张了……我们最初还想着给茶树挂牌，后来赶紧全部停下来，不敢动了，我们自己也很紧张，赶紧和茶农重新做合同——临时修改合同，原来的合同作废，和茶农签了新的合同，重点就是修改违约金，把违约金从2倍提到5倍。这样做的意思就是，你们要'动'也可以，我付了100万的租金，那你就赔偿我500万，成本大幅提高，那你就要多想想。尽管，我们没有正面和对方起冲突，但还是担心。"

当然，现在的成本更高，回过头去看当年的租金，应该会惊叹：好便宜呀！即便现在想进入冰岛、想承包茶树，也很难，因为门槛已经高到一定程度了，需要相当大的财力才能支撑。

"暗战"这个事情，申健说从2010年持续到2011年年初。到2011年初，丁和Y消除误解，专注地做冰岛茶。且当时还发生过一件事情，即H公司的某人因为涉及非法集资被"请"。

Secret battle

暗战：谁先出价？报价多少？

当冰岛茶地（古茶树）资源被“瓜分”得差不多的时候，随之而来的是产品价格问题：原料价格已经如此高昂，完全让人目瞪口呆，那终端的产品价格又该如何定价呢？市场能接受吗？

申健说：“当时我们认为冰岛古树茶已经没有价格了，原料价格太高了，所以觉得也就没有市场了。我们有一点资源，丁、和茶居、勐库戎氏等品牌各有一点资源，那终端的价格定多少合适呢？你的产品卖多少钱，我的产品卖多少钱？原料是没有价格的，按道理是这样的，因为原料价格太高了，高到之前无法想象的程度。到2011年的时候，就有很多关于冰岛茶的传闻了，尤其是价格方面，于是有很多人就开始上去冰岛收购茶叶。本来我们认为没有市场，结果人家上去还真的能买到茶叶，既然能买到，那就是说有价格了。

以冰岛村的一位茶农为首的一群人开始收大量的小树茶，因为当时冰岛的小茶树没有人愿意

承包，那些小树茶一下子就卖到一两千，所以这个信息一下子就传出来了，并且那一年冰岛茶开始就卖一两千。买的人多，但主要是以小树茶为主、有少量的古树茶，这些茶还包括偷采的。古树茶这块，当时某品牌的老板只是开了一个店，实力上欠缺一些，资金是几个人凑起来的，他在山上卖自己的原料，所以他的原料就有价格了。当时小树茶都卖一两千了，那他的古树茶价格就会更高，一单斤（市斤）鲜叶卖到四五百块，价格就这样传出来了。

我自己没有办法回答外面的询价，‘你问的是小树茶，还是古树茶？’当时茶叶的成本也确实比之前的增加了，我们自己的压力还是很大，但冰岛是我们成名、品牌依赖的地方、产区，所以硬着头皮也要去做，不能丢了标杆。客观上来讲，我们有那么多茶（原料），也必须要出去（销售）一些茶叶，如果全部压在手上，会把我们压死；如果终端产品价格定的太高，就没办法打开经销商体系。我们是习惯做完茶之后就要定价，

【杨春 / 摄】

冰岛新房，是冰岛茶价格不断上涨的最好见证。

但当时原料商的乱象，我们还没有反应过来，依据他们定的价格，就像我们做了假茶一样，因为太便宜。我们在2011年定的零售价格不到700块一饼，记得是680元，这就可以对比一下原料价格，原料折算下来在八九百元一公斤，当时原料价格已经传闻到三四千了。

“2011年，冰岛茶价格突飞猛进，远远超过2010年的涨势。到了2012年，冰岛茶价格再上一个台阶，鲜叶卖到了800元一单斤；当时我们还放了一批鲜叶给某系统的人。”

虽然我们认为是没有价格的，但在源头却有了价格，这样市场上就有价格了。尽管这个价格完全出乎我们的预料，但对我们来说反倒是好事，因为我们有原料储备。价格大涨，而跟我们签了合同的茶农也没有找我们闹，合作了几年，又是亲戚关系，所以比较稳定，也带来了价格优势。跟我们合作的丙，他的业务也比较顺利。当时山上有一家茶企，就是俸字号，因为老板俸健平是本地人，茶也做得好，当地茶农也给他面子。”

Advance team

勐库戎氏：冰岛原料的先遣队

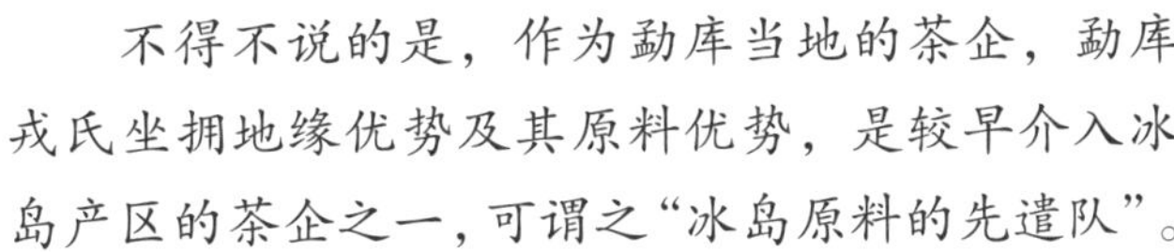

不得不说的是，作为勐库当地的茶企，勐库戎氏坐拥地缘优势及其原料优势，是较早介入冰岛产区的茶企之一，可谓之“冰岛原料的先遣队”。

【杨春／摄】
哪怕是冬季，冰岛依然有大批的参观者。

据戎玉廷回忆，1989年戎老（戎加升）知道坝卡、冰岛等地少数民族较多、生活贫困，曾支持过他们的发展，这与后来崛起的冰岛也算是巧合吧；2005年以前，勐库戎氏还参与架过电线，解决山区的用电问题；2011年，勐库戎氏支持过冰岛山脚下到村寨那段路的修筑。

戎玉廷说：“在冰岛茶还未出名之前，到冰岛收购原料的单位除了勐库戎氏外，还有当地的电力公司。冰岛这里，最先进来考察的是外面的专家，冰岛茶树的品种比较多，且茶树数量也比较少。

而勐库戎氏自2005年开始，单独把冰岛产区的茶叶开发出母树茶产品，而2005年单独收购冰岛老寨的原料也是最多的一年——在这之前，也收购冰岛原料，只是没有单独做出产品来。

2004年冰岛老寨的鲜叶价格是9毛钱一市斤，因为路程偏远、采摘标准不高，所以当时的价格也不高。2005年勐库戎氏直接派人到冰岛老寨收购鲜叶，并开价到4元一市斤，是按照有机茶园茶叶的标准来收购。2006 年秋季收购冰岛茶的时候，路不通，冰岛茶农采摘后，人工将鲜叶挑到冰岛湖附近，那个时候我们都只能用北京大吉普运输鲜叶，就到冰岛湖附近，将他们的鲜叶运输到厂里。冰岛老寨这边的茶叶数量增长比较快，公司（勐库戎氏）以前收购原料的账本还在，包括鲜叶单、代理人等。”

对于勐库戎氏曾经推出的冰岛定制茶，戎玉廷说：“（推出冰岛定制茶）是迫于市场的需求，冰岛茶属于市场上的热点产品，茶客希望有这样的产品，所以我们也需要与时俱进。从 2009 年我们意识到古树茶、山头茶的问题，所以后来取消了定制茶，从企业可持续发展的角度来说，企业应该自己做主。”

此部分内容为戎玉廷讲述，与其他人无关。

2011年：难言的苦衷与拍卖会

申健说：“客观地说，当地政府对冰岛茶的宣传、推广作用还是大的，冰岛茶能有今天，他们还是有贡献的。我们都知道，在过去，有些层面的消费对某些产品以及品牌的推动作用很大，这也是一个事实上的原因。”

【罗静/摄】

云章茶厂收藏的勐库戎氏早期产品。

这一点，我也是理解的，从远的来说，云南普洱茶中就有“贡茶”之说，比如版纳那边的易武茶、倚邦茶、曼松茶等，就曾是“贡茶”，而其实质就是官方消费，并会带动社会消费；从近的来说，现在畅行大陆的奥迪品牌，就是因为曾经是官方消费并带动了社会消费，才有今天的品

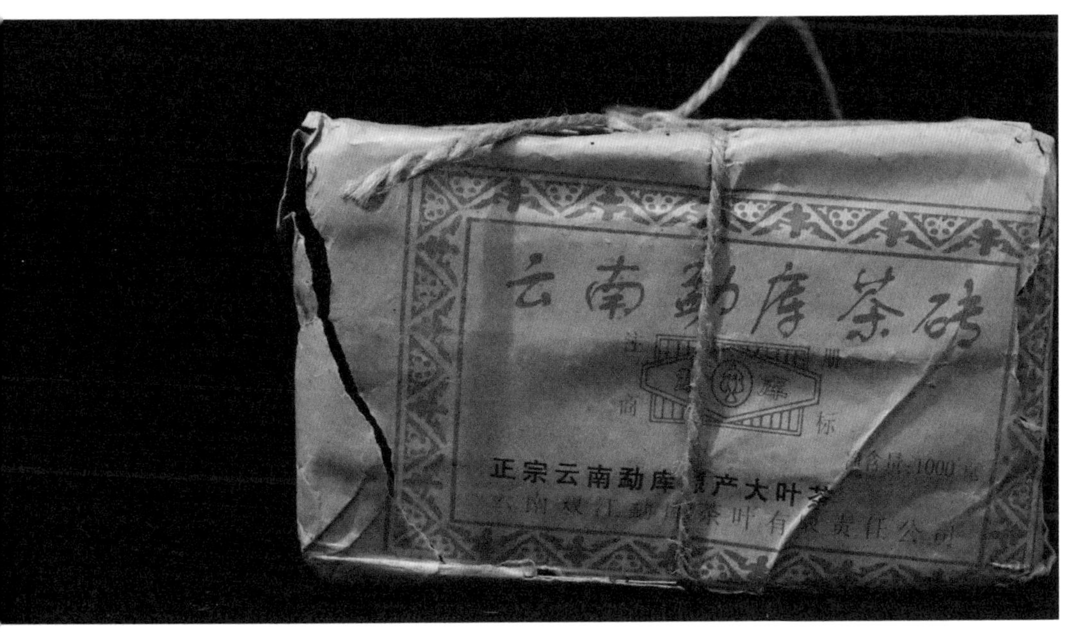

牌认知与热度。当然，后来出台的相关规定，将这一风气止住，可那个时候已经有一定的基础了，比如冰岛茶的名气与热度已经非常成熟了。

申健说："当时很多层面的人都知道冰岛茶，谁不喜欢好茶呢？"我说："我也喜欢啊，当然要我自己出钱的话，我肯定买不起，因为太贵了。"去冰岛村的几次采访中，还是茶农送了我一点冰岛茶，但大部分我都送给朋友了（每人一泡的量），让他们感受一下真正的冰岛茶魅力，我自己也只留了一泡的量。这几年在昆明，因为从事的是这个行业，也断断续续地喝到了免费的冰岛茶，皆因朋友招待。其实，如果他们不送，我也不会去责怪，因为冰岛茶真的太贵了，不是一般人喝得起的，至少不是一般人的口粮茶，当然，假茶除外。

申健说："这对 Y 来说是一件很尴尬的事情、难言的苦衷，没有办法，他就只能出钱买，尽量少买。冰岛茶已是当地的一张名片，很重要，宣传好、营销好冰岛茶也是他们的任务，需要发展经济的嘛。

2011 年，还发生了一件重要的事情，即当地政府搞了一次冰岛茶的拍卖会，勐库当地所有的茶企都参加了……这次拍卖会传递给外界，还是带来了不一样的效果。当地政府对冰岛还是花了很多钱，投资修路、广场等等，这个也是实实在在的、看得到的。"

据高明磊回忆，也是这一年，他上去冰岛，遇到了丁，丁对他说："你要多少原料，我分给你，你不要来冰岛了！"。高明磊当时的想法很简单，想参与到制茶过程中来，想做自己心中的冰岛茶。而在头一年，即 2010 年时，他即到冰岛，只是跟茶农买茶叶，但当时已跟勐库的多家初制所合作，茶叶产区覆盖了东半山、西半山。

这多多少少也可以从侧面窥探到当时大家对冰岛茶原料争夺的激烈程度，也能证实大家对冰岛茶品质的认可。

2012 年：丁的魅力与境外商人的投资

【高明磊/摄】

让人动心的冰岛茶，更让各大茶商动心。

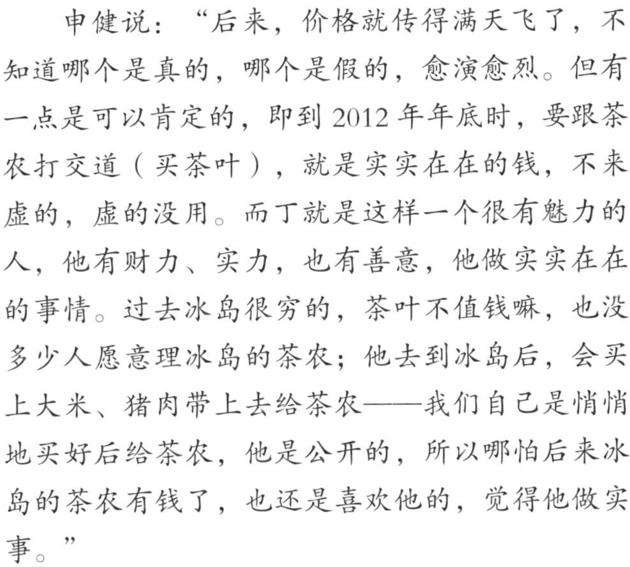

申健说：“后来，价格就传得满天飞了，不知道哪个是真的，哪个是假的，愈演愈烈。但有一点是可以肯定的，即到 2012 年年底时，要跟茶农打交道（买茶叶），就是实实在在的钱，不来虚的，虚的没用。而丁就是这样一个很有魅力的人，他有财力、实力，也有善意，他做实实在在的事情。过去冰岛很穷的，茶叶不值钱嘛，也没多少人愿意理冰岛的茶农；他去到冰岛后，会买上大米、猪肉带上去给茶农——我们自己是悄悄地买好后给茶农，他是公开的，所以哪怕后来冰岛的茶农有钱了，也还是喜欢他的，觉得他做实事。”

在我从勐库镇去冰岛村时，就觉得路远，所以第二次去冰岛村时就直接住在茶农家，这样可以节约很多时间。也是因为这个安排，让我深刻理解他们的生活，哪怕现在有钱了，其实生活还是有诸多不便，最直接的是就是采购食材，尤其是新鲜蔬菜，经常能看到外地人开着微型车拉着各种蔬菜到村子里出售，你是不能指望多新鲜的。所以特别理解他过去买上东西给茶农，对于茶农来说，这真的能解决非常实际的问题。

申健说：“到 2012 年年底时，境外的一个商人出于各种考虑，想到双江这边投资，因为他祖籍就是双江的，家族很有实力，选择来双江投资也比较务实，至少方便嘛。最后他也投资了不少钱、投资了很多项目，有球会、林业项目以及类似于茶叶市场的古镇项目等等。因为当时冰岛茶比较热，他想进入冰岛茶，但他的要求是茶农要搬迁下来，古镇项目要搞在山下，这样以后外地人进去冰岛村参观需要登记。但这个项目很难，实际上根本做不到，因为茶农不愿意；到最后，这个项目也就不了了之了。”

这放在今天，我觉得也不是完全不可行的方案，就像现在的老班章村，进寨子是需要登记或者打招呼的。之所以没有搞成，或许是这个项目在当时来说太前瞻性了，步子太大了。2019 年 10 月，我第一次到冰岛村时，山脚下还是南勐河、缓坡；2019 年 11 月，我第二次到冰岛村时，山脚下南勐河畔的缓坡已在施工，为将来的冰岛小镇地基。

【高明磊/摄】

树欲静而风不止，
相遇的一池静谧就非常难得了。

Rising market

2013 年：持续上涨的行情与风险、细分的冰岛茶

【杨春 / 摄】冰岛龙珠

申健说：“今年（2013 年）的原料被某系统的朋友拿走了几公斤（散茶），我们是按相对的成本给他，你不能按市场价来收钱。今年冰岛茶的价格已经到 8000 块了，连我自己都觉得不可思议。价格即使到 2 万、3 万，都会有人买——稀缺性，产量太低了。但对于厂家来说，风险也同时呈现，因为这涉及一个过程，从茶树管理、茶叶初制到精制，再到宣传、销售，这个过程需要承受资金的压力；还有一个非常关键的因素，即假茶的冲击，这个因素的影响也很大，不能忽视。”

对于承包冰岛茶树这个话题，申健说：“2008年的时候，我们就讨论过资源的长期性问题。当时，我们的团队不够成熟、经销商体系也不够成熟，并且价格涨得太快了，2009年韩国人一搞，价格翻了一倍；2010年丁收购原料，价格再翻一倍，到最后，我们只能硬着头皮去搞。所以，我们需要吸取教训，对于开发、推广新的小产区，如果花重金打造，就需要资源（茶树）的长期性，对企业来说，需要稳定性，这样才值得付出，才不会帮别人做嫁衣。”

对冰岛茶地的续约，申健说：“如果要价太高，就放弃；如果合理，就续签。续签的话，整个价格就会很高，因为现在基础就摆在那里，当然，冰岛茶拿出去就是钱。”当问及明年（2014年）的价格时，申健预计会有50%的涨幅。

而冰岛茶的产品形态，也不再局限于过去主流的大饼（357克）。申健说：“过去，茶农交鲜叶给我们，我们没有办法分级，因为每家每户采摘自己的，不太一样；后来我们集中管理，这样可以按照自己的要求来保证品质。我们挑最好的茶做最好的产品，也跟着市场走，做了饼茶、砖茶、小沱茶，想怎么做就怎么做，反正是自己的茶树；我们还挑出10棵茶树做单株，单株不在市场上流通，是分给玩家、经销商收藏的，都是预订——1号树每年都是他的，2号树每年都是你的……就这种玩法。”

【高明磊/摄】

烟笼冰岛古茶山，要想看清楚，还得亲临。

在后来的几年中，可能是为了降低消费门槛，冰岛茶的产品形态（重量）已经发展到200 克、136 克、100 克……甚至是更轻、更少的包装产品，在原料价格不断上涨的背景下，这也是一个适宜的选择。

【杨春／摄】

进村前面的一段路是陡坡、急转弯，很考验司机的驾驶水平。

“这些年，我接触过很多茶山，但像冰岛一样精彩的，没有”，申健说，“没有任何一个寨子像冰岛那么热闹，没有任何一个产区的茶像冰岛，会有那么多故事。”当然，这不是结束。

【杨春／摄】

看看过去的老照片，再来看今天的冰岛村，会感叹茶叶的伟大。

【马林/供图】

马林熟悉过去几年的冰岛茶发展，也亲自到访过冰岛老寨。

Battling

2020 年：群雄逐鹿，不是所有茶都是冰岛

2019 年下半年，我在芳村遇到马林，聊起冰岛，他说："2008 年冰岛茶开始在全国传播，2010 年勐库当地某茶企推出了冰岛春饼、冰岛玉叶以及冰岛金砖，这三款茶是经销商定制的，分别是太原经销商、广州经销商与武汉经销商；而冰岛玉叶又包括饼茶、砖茶、沱茶；而那个时候，普洱茶已经开始往纯料方面走，是潮流。2008—2012 年，是整个临沧茶在销区影响力最大的时期。"自然，马林所说的临沧茶也包括冰岛茶。

一直以来，都有人对冰岛茶的炒作持否定态度，认为一片叶子承受了太重的商业分量，失去了茶叶的初心。或许，这是对本真、淳美的一种追求，也是对当下商业社会的一种反思；但不能否认的是，正是因为某种商品（包括冰岛茶）具有商业价值，才会吸引那么多的商家进入，才会激发他们的进取心（包括逐利心），这是一件无

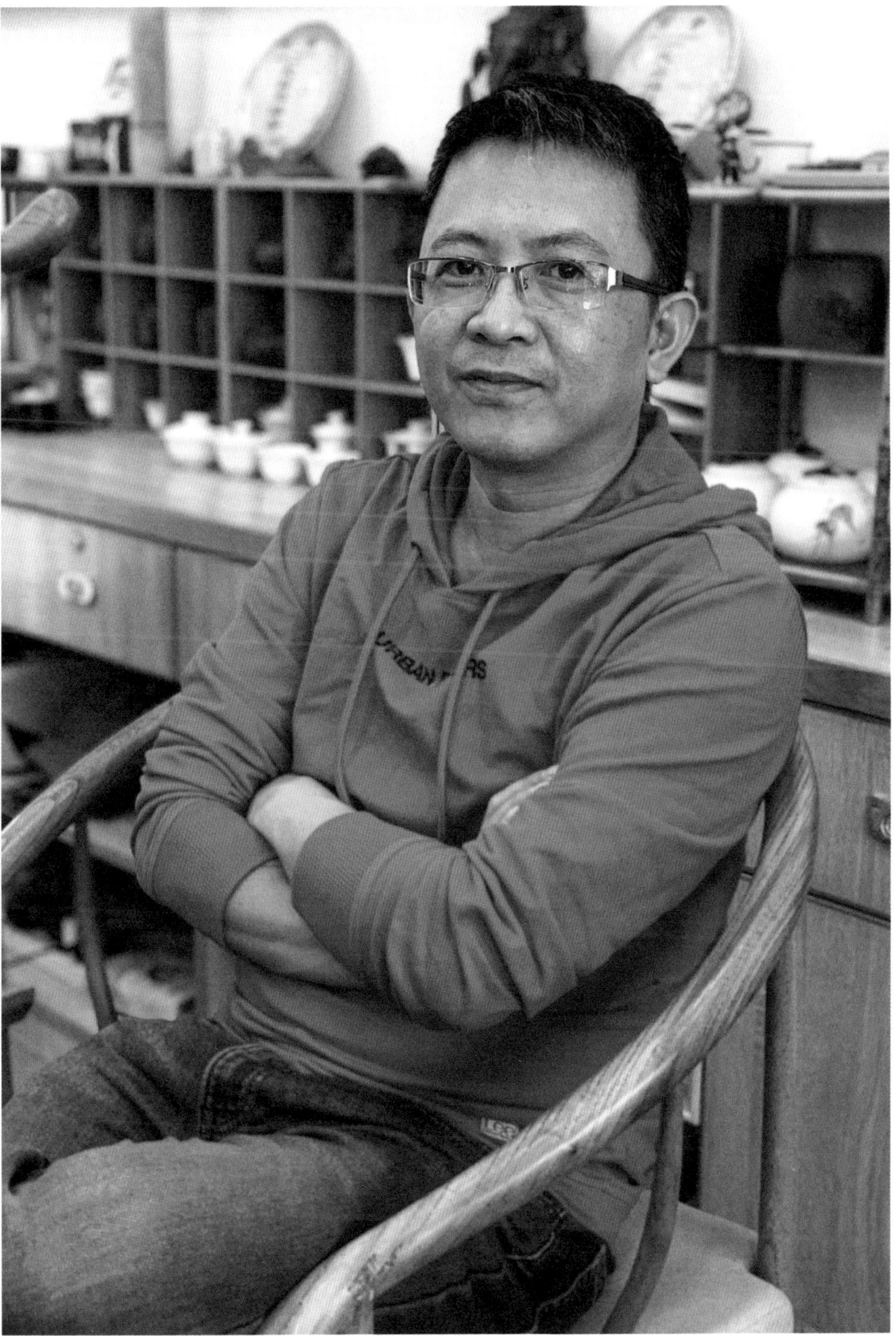

可厚非的事情——商家追求利润才是正常的，反之，则是不正常的。反过来说，正是因为众多商家进入，才为社会、为消费者提供了更为丰富的产品，且积极利用自己的销售渠道与宣传渠道直接提升了产品与产品属地的知名度，而很多时候，消费者认识、熟悉某种商品，往往也是通过商家的这种渠道，才为可能的消费提供了必要的前提条件，至于愿不愿意买、有没有能力买，那又是另外一回事。

我们退一步说，商家与社会上的资本天然具有逐利的属性，冰岛茶有价值，且是独特的价值，才能吸引各路商家进入，包括老班章也如此；如果茶叶品质不佳，那商家也不会花重金进入、也很难吸引消费者；如果茶叶品质不佳，商家投资再大，想炒也炒不起来。

而从2008年开始，冰岛茶价格不断上涨，是在茶叶品质较好的前提下，不断吸引商家进入的结果。这个过程，是需要付出成本，需要承担风险的，他们的炒作，是对冰岛茶品质的信心，也是对冰岛茶资源的争夺，可谓惊心动魄。最后，他们在这一过程中收获品牌的成长甚至是快速成长，收获财富的积累，也是顺理成章的事情，就像一个员工努力工作，月底或月初拿到了自己应得的工资与奖励，这才是正常的。

山朝永说河南茶商——“河南三剑客”（于翔、郜鸿亮和高明磊）较早到冰岛，推动了冰岛茶的发展。刘华云说冰岛茶能有今天，应该感谢河南人这些年的投入。我想说的是，应该感谢所有用心投入的商家，不管是河南地域、昆明地域，还是勐库地域的，只要一直专注冰岛茶或曾经专注冰岛茶的商家，都得到了收获；同样，冰岛茶农也得到了收获，且是最直接、长久的受益者，摆脱了贫困，过上了好日子；同样，消费者也在商家历年的开拓中多了一个选择——冰岛茶！

现在，到冰岛收购原料的商家，既有全国性的大品牌，如勐库戎氏、中茶、七彩云南、澜沧古茶、下关沱茶、龙润等，也有这些年伴随冰岛茶崛起而成长起来的区域性知名品牌，如古韵流香、勐傣、津乔、霸茶、云南茗片、云章、拉佤布傣、世昌兴、俸字号、瑞聘号、廖氏、天怡等，还有这几年新晋但成长较快的

【廖波/摄】

冰岛茶未来会如何，
没有人知道，但真正喜爱冰[illegible]岛能走得更远。

品牌，如午一、玉胜祥等，以及众多实力品牌为丰富产品而推的冰岛单品、数不清的代工品牌。

只是，冰岛受制于面积、产量，虽然价高者可得，但终究过于小众，不能惠及大多数人。杨绍巍说：“冰岛可以作为一个大冰岛产区来看，个人赞同民间‘一环、二环、三环’这样划界的说法，从老寨、五寨到整个勐库高山区，有标准作为参考，价格清晰，方便消费者更直观地了解、鉴赏、购买冰岛茶。冰岛是一个美名远扬的茶，不但要规范制作，还要对‘大冰岛产区’的真正品质内核——勐库大叶种、高海拔、有机、乔木等因素深刻认识、把握，唯有众星捧月，冰岛茶才能发扬光大。我过去写过一句话——如果古树茶是一顶云南茶叶的皇冠，那冰岛茶一定是皇冠上最耀眼的那颗宝石。”如果没有了皇冠，没有了其他产区的古树茶，真正的冰岛茶也会少了些许耀眼。

诚然，我们乐于看到更多的品牌进入冰岛茶区，但也希望更多的品牌进入勐库茶区，进入临沧茶区，毕竟，“一花独放不是春，百花齐放春满园”！

老茶

冰岛
为什么没有老茶？

最早构思这本书的时候，其实并没有想到这个问题——冰岛为什么没有老茶；2019 年 9 月，我在广州芳村采访的时候，发现很多朋友（芳村普洱茶的交易商、经销商）给我冲泡的都是版纳产区的普洱茶（中老期普洱茶），其中又以勐腊县的易武产区和勐海县的布朗山产区为主，就很好奇——怎么没有临沧茶？于是，才有这个问题——冰岛为什么没有老茶？

【李洪聪 / 摄】

时至今天，红茶依然是临沧茶区的重点产品。

 Historical arrangement

历史的安排：红茶的荣光与普洱茶的边缘化

过去很长一段时间的红茶之于临沧，颇似当下的普洱茶之于云南、酱香型白酒之于贵州、浓香型白酒之于四川，其分量不言而喻。这样说并不代表绝对，只是示其地位，因为过去临沧也生产普洱茶、绿茶，就像当下的云南除了普洱茶之外，还生产红茶、绿茶，且产量颇高；贵州除了酱香型白酒外，还生产其他香型的酒；四川除了浓香型白酒外，也还生产其他香型的酒。

即使是今天，临沧的红茶依然占有极其重要的地位，谈云南红茶，你无法将临沧红茶忽略，其中又以境内的凤庆红茶为最，在整个中国红茶行业中占有极高的地位，且过去创造出较多而无尚的荣光。

外销：中华人民共和国成立以前，临沧茶叶贸易除销往下关、大理、昆明、香港外，大宗出口贸易则经缅甸的腊戌、仰光销往东南亚，或运抵印度加尔各答拍卖市场，销往世界各地。1935年，区内茶叶对外贸易销量就达194万公斤……1985年后，企业自营内销量增加，调省公司出口量略减，但外销市场却有所扩大。1983年临沧地区被国家列为全国出口红茶的主要基地。尽管国内外市场变化，品种结构上进行了一些调整，但出口红茶为主的地位始终没有变。

内销：区内茶叶产品，除绝大部分红茶供出口外销外，其余绿茶、青茶、普洱茶、紧压茶、少量红茶及各茶厂加工的小包装系列产品在国内市场亦颇为紧销。

绿茶类的晒青茶，长期处于自产自饮的小农经济生产格局，形成商品交易距今才有300多年历史。随着茶树栽植逐渐增多而产量增加，形成以双江勐库、缅宁博尚及顺宁县城等地为中心的茶叶交易中心。一年一度的春茶会，各地茶商、马帮云集，竞相采购。用骡马驮运，分别以北路流向和西南路流向，倾销康藏及全国各地。

1939年建立的顺宁实验茶厂，为省茶叶公司的直属企业，并以出口红茶为办厂宗旨。1942年受太平洋战争影响，出口受阻，由外销转为内销，除收制部分红绿毛茶外，主要是代复兴茶厂（昆明茶厂）、康藏茶厂（下关茶厂）收购原料，同时也生产部分沱茶、饼茶作内销。1952年以后，在全区大力推广改制红茶。1956年，由中国茶叶公司投资创建临沧国营茶厂，直至70年代，全区各县8个精制厂生产的红、绿茶均调供省茶叶公司销往全国各地，红、绿茶副产品调下关茶厂内销，且每年都要生产一定数量的边销茶，供边疆少数民族地区。[23]

【李洪聪／摄】
临沧红茶历史悠久，在市场上口碑极佳。

以上的史料中，从贸易方向来说涉及外销与内销，从茶叶种类来说涉及红茶、绿茶、普洱茶，其中普洱茶又涉及沱茶、饼茶与边销茶，从贸易目的地来说涉及下关、大理、昆明、香港、康藏，

[23] 临沧地区地方志编纂委员会．临沧地区志·中[M]．北京燕山出版社，2004：126—127.

及印度东南亚等国家，并记录到过去临沧境内勐库即是茶叶交易中心之一。

1939 年以前，茶叶产品花色品种比较单一，主要有晒青茶和紧压茶两大类，或以品质高低划分等级，或以出产季度分明前春尖、春蕊、夏茶、秋茶。1939 年顺宁实验茶厂成立后，除大量生产滇红、滇绿外，还生产沱茶、饼茶、茶糕、普洱茶、副茶等。中华人民共和国成立后，国家重视出口红茶的生产，中茶总公司派技师亲临临沧指导改制红茶，功夫红茶上升为主要产品，临沧发展成为出口滇红的主要基地，产品占全省出口滇红的 80% 以上。直至 70 年代，茶叶产品基本上按上级主管下达的计划和品种规模进行加工，花色品种比过去有所发展，但仍单一。50 年代按 5 级 18 等收购红毛茶，加工出功夫红茶 1—6 级。1956 年 8 月，为支援埃及红碎茶，凤庆茶厂和临沧茶厂开始生产少量轧制碎茶供出口。1958 年，国家商业部技师祁曾培到凤庆试制切碎的红碎茶，全区从此开始规模化的批量生产。红碎茶是国家大力提倡发展的出口创汇产品。全区执行国家制定的第一套标准样。其产品分叶茶、碎茶、片茶和末茶。其中叶茶又分 1 号、2 号两个花色；碎茶有 1—5 号，其中 2—4 号依据品质优次又分为高档、中档、低档共 11 个花色，片茶分 1 号和 3 号两个花色，末茶分 1 号和 2 号两个花色。总计 17 个花色。

在大批量精制加工出口红茶的同时，凤庆茶厂、临沧茶厂创制了小批量的特级功夫茶、金芽茶等产品。特级功夫茶被定为国务院外事礼茶，

【杨天发 / 摄】
杨天发说，这款茶是 2000 年左右戎加升接手原双江县茶厂以后勐库戎氏早期的产品

每年定点生产，定量调供。

绿茶的精制加工产品，全区除加工最早的凤庆茶厂曾加工绿茶类的炒青、烘青和晒青等小批量多品种绿茶外，直到50年代末，仍以晒青茶为主。1964年，为满足非常国家对绿茶的需要，当年秋季，在凤庆、临沧、云县作为突击性任务下达，在一些初制所增添杀青设备加工生产烘青绿茶。毛茶分3级6等收购，加工为1—3级和1—6级滇绿和碎茶、片、末等花色，以后逐步在全区推广。

进入80年代，茶叶产销实行多渠道经营，企业坚持以市场为导向，加大产品结构的调整，开发大量新的产品和花色。凤庆茶厂1984年率先开发小包装系列产品投放市场，产量逐年稳步上升。产品花色由原来的15个花色品种增加到87个，主要分红毛茶、绿毛茶和边销茶三类。[24]

以上的史料中，可以一窥红茶之于临沧的地位和重要性。我在冰岛老寨及勐库镇采访时，多位被采访人均提到一条消息：冰岛老寨山脚下过去有一家茶厂，严格地说是一家初制所，专门做红茶。甚至到21世纪初，冰岛茶叶被毛料商收购后又卖给当地茶厂做红茶。

清末明初，勐库茶销往康藏，时有西藏马帮直接到双江驮运茶叶。春茶期间，各地客商云集勐库、博尚等地购买勐库青毛茶，直接贩运到下关、昆明，转销到四川省宜宾、重庆、成都、长江沿岸省份及沿海地区。省内销往丽江、维西、中甸、阿墩子进入西藏、部分茶叶销往耿马、孟

[24] 临沧地区地方志编纂委员会．临沧地区志・中[M]．北京燕山出版社，2004：115—116.

定及邻国缅甸，东南亚国家。

1950 年县人民政府成立后，1951 年茶叶销售仍由私商控制，收购后用马帮运往下关、昆明等地出售。1952 年 7 月，中国茶叶公司云南省公司，责成凤庆茶厂到勐库成立茶叶收购组。国营与私商同时经营销售。1956 年，完成对私营工商业改造后，茶叶被列为农产品采购二类物资，实行统一收购，计划销售。购销业务由茶叶公司及所属机构负责。1956 年推广初制红茶成功后，初制红茶运往凤庆茶厂精制后出口销往苏联及东欧国家。青茶运往下关茶厂加工销售。1957 年临沧茶厂成立后，双江初制红茶，主要运往临沧茶厂精制成滇红出口。1975 年双江茶厂成立后，初制红茶统由双江茶厂精制生产滇红，滇青交云南省茶叶公司安排销售或出口。部分青茶原料，仍调往下关茶厂制成紧饼茶或沱茶销

【李兴泽 / 摄】
勐库制作普洱茶的历史并不短。

往四川、西藏、甘肃、青海等地。

1985 年对茶叶销售流通方面，运用价值规律，部分内销茶实行议销价，放开搞活。外销茶实行定购，边销茶实行派购的政策。1986 年，茶叶购销，打破长期以来由茶叶部门独家经营的格局，转为以茶厂、供销社为主渠道，个体次之的多渠道经营，国营、集体占 82.7%，个体经营占 16.8%。茶叶流通体制放开后，滇红每年由省茶叶公司定购 3000 担。其余销往广东、内蒙、吉林等省。内销茶除继续销往下关、勐海、凤庆外，大批青毛茶直接销往甘肃。个体户运销省内各地，个体大户直接运销广东、四川、甘肃等地。[25]

以上的史料中，可以看到双江茶叶的销售目的地、红茶在双江茶叶发展历史中的基本脉络等，并能感受到勐库茶的产量不低。无论是勐库、双江，还是整个临沧，茶叶产量是极高的，本地是无法消耗掉的，绝大部分茶叶注定只能销往临沧之外的地区。

在计划经济时期，临沧以红茶为主，这是被安排的，是历史的际遇，谁也无法改变历史。那个时候，临沧生产红茶，普洱茶则安排在其他地区生产，其中又细化为勐海茶厂以饼茶为主、昆明茶厂以砖茶为主、下关茶

[25] 双江拉祜族佤族布朗族傣族自治县志编纂委员会. 双江县志 [M]. 云南民族出版社，1995：245—246.

厂以沱茶为主。可以说，在过去较为长久的一段历史中，临沧都是以红茶为主，而普洱茶则处于配角，处于边缘化的地位。熟悉云南茶叶贸易发展的张兵说，过去的临沧茶叶从出口香港再转口到东南亚地区，通过茶叶进出口公司的渠道，或者旧时的马帮，主要还是从版纳那边的茶马古道运出去。加上后来云南省的定位，版纳主要是做普洱茶，顺带做一点绿茶、红茶，而临沧主要是做红茶，再做一点绿茶，晒青茶做的很少，这是历史形成的格局。并且，因为临沧茶叶主要是运输到版纳、下关等地，所以才成就了临沧的茶马古道以及因马帮运输业务繁忙而发展起来的鲁史古镇。

张凯说："以前山头茶没有出名的时候，是按等级来区分茶叶品质，如一芽一叶、一芽二叶，还有梗、片的筛选，标准比较明显一些；后来通过市场升级、消费升级，对品质的要求就有很多，各种饼、砖、沱比较流行，如大益饼、下关沱、中茶砖，计划经济已经影响了临沧的茶叶发展；那个时候说起临沧茶，很多人都只会说滇红茶，当时对勐库茶的认知还是很低的。"

现在，我们无论如何也不能理解为临沧过去不生产普洱茶。以上的文

【杨春／摄】
作为丰华茶厂的第二代茶人，张凯熟悉勐库的每个小微产区

献中多次提到普洱茶，且涉及沱茶、饼茶、边销茶，还提到勐库曾是临沧境内的茶叶交易中心之一，另外的交易中心之一还有博尚，而博尚距离勐库，尤其是距离冰岛又是较近的，冰岛老寨的茶农在很长一段时期内都将冰岛茶挑送到勐托交易，勐托即隶属于博尚镇。

而在凤庆还称为顺宁时，就有普洱茶的生产：

顺宁县产的凤山茶砖，为顺宁（凤庆）茶厂建厂以前的名茶之一，当地多作馈赠佳品。其制造方法：将毛茶盛入布袋，隔水蒸软（约需半小时），即趁势倾于压茶机之木框中，框之底面，垫以笋壳，加压使之成砖块形，取出晾干或凉干，加以色绵纸，另以纸包封底面，再贴招牌即成。每块体积为长5寸、宽4寸、厚1寸。但产量甚微，年约三百余担。[26]

历史，往往又具有一定的惯性，当20世纪90年代版纳为后来的市场贡献了“99易昌”“96真淳雅”“99绿大树”等经典作品时，勐库及临沧还在以红茶为主；当21世纪初版纳为后来的资深茶客贡献了“六星孔雀”等收藏级作品时，勐库及临沧还在以红茶为主。在同时期，勐库普洱茶姗姗来迟，但终究还是来了，2002年昆交会，勐库戎氏的普洱茶呈现出正宗产地大叶种茶的独特口感，打动无数茶友；这一年，勐傣茶厂第一款熟茶上市。据杨天发回忆，在勐库戎氏收购双江县茶厂时，双江县茶厂就已生产普洱饼茶，其时间为1998年或1999年，只是现在市场上几乎见不到。2002至2003年间，勐库戎氏生产的勐库牌“宫廷普洱”和“特级普洱茶”连续两年都双双荣膺金奖，在业内又一次引起轰动，引发业界对临沧茶的关注。2004年，丰华茶厂第一饼普洱茶上市。2005年，戎加升以冰岛茶区的勐库大叶种茶鲜叶为原料制作出普洱茶“母树茶”；这一年，勐傣茶厂第一款生茶上市。2006年，勐傣茶厂第一款冰岛茶（冰岛老树春尖）上市；倖宇号第一款冰岛茶上市。2007年，丰华茶厂第一饼冰岛茶上市。2008年，津乔茶厂第一饼普洱茶（高山乔木）上市……也是从2008年开始，临沧之外的品牌茶商正式进入冰岛，而勐库普洱茶也随之大量创世，走向繁荣。

高明磊回忆，他在2009年的时候遇到一款冰岛饼茶，据这款茶的主人说是在1999年去冰岛收

[26] 临沧地区地方志编纂委员会. 临沧地区志　中 [M]. 北京燕山出版社，2004：111.

【罗静/摄】
勐库茶叶制作的烟火从未断过。

购原料，然后将其压制成饼茶，除送了一点给朋友外，剩下的都是自己收藏。而高明磊正是因为感受到这款冰岛茶的魅力，才坚定了深耕冰岛茶的决心。因为这款茶的数量不多，被高明磊悉数拿下，只是因为存放时间较长，2009年时饼茶的白棉纸已经破损，所以后来重新换了白绵纸包装。

张凯说："在2004年之前，勐库还是生产普洱茶的，只不过，他们当地习惯将这种晒青茶称为黑茶；如果当时叫普洱茶，会觉得是熟茶。那个时候，习惯将传统的普洱饼茶称为云南七子饼茶，熟茶称为熟饼，生茶称为生饼或青饼；当时去长春参展，当地人都问是不是云南七子饼茶，如果饼面上没有这几个字——云南七子饼茶，他们都会觉得有假。"而我一直记得，2007年左右，普洱茶行业生茶还习惯称为青饼，卢云送了我一饼他自己制作的生茶，绵纸上即写着青饼。如果更早一些的饼茶就写着今天的说明：普洱茶（生茶）或普洱茶（熟茶），抑或背面印着SC，你不觉得奇怪吗？我想说的是，尊重历史，尊重事实，比造假好，且真实也是一种力量。

且不要忘了，在普洱茶崛起、称雄之前，云南是红茶与绿茶称雄的时代，喝普洱茶的人并不多，周重林说普洱茶在2003年的时候，整个昆明想找10个人聊聊普洱茶都极为不易。也不要忘了，即使现在普洱茶似乎代表了云南茶叶，但云南红茶与绿茶在省外依然有较大的影响力、可观的销量以及不能丢失的市场，与普洱茶共同捍卫着云南茶叶的地位。

品质，才是勐库茶被大家接受的根本原因

从史料中不难发现，临沧茶叶在历史上的贸易，更多是以原料供应商的身份亮相。时至今日，这个身份依然还存在，有部分勐库原料商为了降低库存、提升资金流动率，直接说：为了活下去，自己在普洱茶产业链处于劣势的情况下，只赚取较低的利润，仍然愿意且主动将勐库茶叶销售到版纳。对于版纳茶商来说，以相比本地更低的原料价格收购到勐库原料，然后以成熟的拼配技术将版纳、临沧两地的茶叶制作成成品，最后以版纳茶的身份面世，符合其商业价值，且这已是行业公开的秘密，或者说，都算不上是秘密，历史上曾经这样，现在也这样，究其原因，还是勐库茶的价格更低，并且品质有保证。

【高明磊／摄】
千回百转，依然是香甜与共。

勐库茶产量大，其市场在勐库之外、双江之外、临沧之外，过去如此，现在亦如此。彭桂萼在抗战时期即有记录：

这每年一万多担的茶，于双江农民年可以得滇银二十余万的收入，于云南政府则除了缅宁设立的茶消费税局年可入滇银六七万的税款外（连缅宁所出的两三千担亦在内），分设双江的查验所，还每担收税三元，并同缅宁、双江两县，每担各收二角的特产捐，合共亦在六七千元之数。故它与云南双江的地方经济是有极大的利益的。

就双江经营茶叶生产的农民而论，每年虽有大量的进款，而他们的生活仍是很疾苦的。本来，在土地的分配上，拥有四五十块茶地租出而坐收茶租的大小地主并不多，十之七八都是家有三五块茶地的自耕农。然而，因他们多系就地拆卖，得价较低，再加以善于盘剥的商贩，用高利贷的手段，于十冬月间放贷，二十余元的本，到二三月间就要收价值四十余元的一担茶；故以种茶为副业的农民倒还吃亏不大，而专门望靠种茶生活的，则茶叶还未离树，早因吃米穿布向人拉下大漏洞了。于是，终年碌碌，结果还是两手空空的。

茶价以二十五年度为最高，春茶每担约滇银四十元，白毛尖约五十元，普通茶约二十五元。在民国十五六年间，春茶约二十七八元，二水谷花茶约十七八元，二水茶又稍低于谷花茶。近因战事影响，商运稀疏，茶价又惨跌了。以三种茶比较，春茶最贵，秋次之，夏最低。又同属春茶，越早越贵，愈后愈贱，通常清明后数日价格会相悬在十元以上，真是生意经中说的“早晚市价不同”了。

生在茶乡——普洱市澜沧县的陈财，对于茶叶接触的自然比较早，在他小时候的印象中，澜沧县就已经是绿茶生产大县了，紧邻澜沧县的临沧茶就要便宜很多，他的父母还曾去临沧收购茶叶、赚取差价；甚至，那个时候他对于同属临沧的永德县的记忆比双江县的勐库还要深，而共同点即是临沧整体的茶叶价格比较低，极具性价比。当然，风水轮流转，当陈财真正认识到冰岛茶的

【李小波／摄】
下关冰岛母树茶

时候，价格已经很高了，相比过去，早已是另一番模样。

茶叶收入是勐库茶农最重要的收入，过去是，现在也是。除了制茶工艺外，茶叶本身的品质也影响着他们的收入。对于勐库大叶种茶的特征、特性等，在前文“是什么成就了冰岛茶”中树种部分有详细描述。细化到冰岛来说，对于其总的特点，依然有截然不同的观点，有一位勐库的朋友说冰岛茶是甜、柔，但又跟易武茶不同，易武茶汤感比冰岛茶更厚一些。甲认可冰岛茶的香气，他认为相比较版纳而言，勐库茶（包括冰岛茶）的香占优势，至于甜，他认为不一定（占优势）。乙认为勐海茶是苦涩与香，勐库茶是甜与柔，所以现在做普洱茶可以考虑两地茶叶的优势互补，而拼配即需要这样的互补。

据李小波介绍，下关沱茶（集团）公司的前身是云南省下关茶厂，是计划经济时代云南省四大国有茶企之一，位于云南滇西重镇大理白族自治州首府大理市下关（1983 年，下关市与大理县合并设立了县级大理市），地处中国西南茶马古道的中心，与南方丝绸之路交汇，是亚洲文化十字路口上的古都。得天独厚的地理优势，使下关从 20 世纪初开始一跃成为云南茶叶的运销中心、精制加工中心和集散地。

据古地理、古气候、古生物学家考察论证，云南是世界茶树原产地的中心，而大理则是这个中心的核心地带，英国植物学家席勒在 1958 年将茶树分为亲缘相近的三个种，分别是中国茶种（小叶种）、大理茶种和伊洛瓦底茶种，以上三种茶树在大理均有发现，尽管大理不是云南茶的主产区，但不意味着大理不产茶，而且种茶的历史并不短。这里所说的大理茶是一个与大叶茶等同的茶种，1925 年由英国梅尔基奥尔根据采自苍山的野生茶树标定名。大理茶（*Camellia taliensis*）属山茶属茶组，主要分布在云南西部、南部及越南、缅甸北部地区，在大理、保山、临沧、普洱、西双版纳等地州市均有广泛种植，叶片可用于制作普洱茶和红茶。当然，这里所说的“大理茶”主要是一个植物学的种属概念，它和生长在大理这一行政区内的茶树和大理州、市生产加工的茶叶不完全是一个含义。这从很大程度上说明，历史上的大理不仅是云南阶段性的茶文化中心，还是茶种的起源地之一，也是云南较早栽培和利用茶叶的地方。

【杨春 / 摄】

源头好，品质才好

大理种茶历史虽然悠久，但发展较为缓慢，在 1949 年以前下关的茶叶加工和销售已经有较大的规模，特别是 1949 年以后，计划经济时代及改革开放和深化国有企业时期，一举成为云南茶叶精加工与贸易的中心，但毛茶原料绝大多数来自于临沧、思茅（今普洱）、版纳、保山等地，这也造就了下关茶厂百年拼配制作及加工技艺在茶行业中“一枝独秀”，引领风骚上百年。

据下关茶厂厂志记载：1955 年以前，茶厂通过设站收购毛茶为主，集市零星收购为辅，1955 年以后，茶叶实行统一收购，由基层供销部门，

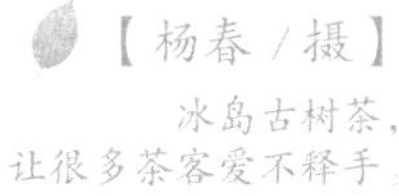
【杨春/摄】
冰岛古树茶，让很多茶客爱不释手。

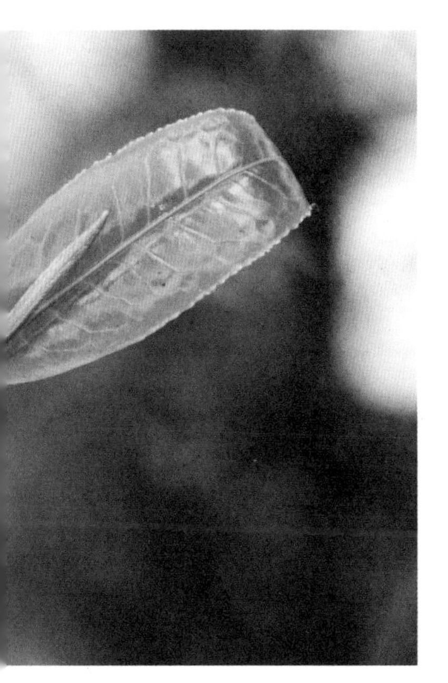

土产公司收购，国家下达调拨计划，各基层供销部门按计划数量等级调运到茶厂。1985 年茶叶流通体制改革以后，茶厂通过与基层供销社、茶厂和个体运销户签订购销合同方式购进原料，到现在主要是与茶叶专业合作社、初制所、茶叶种植基地等方式合作收购原料。其中的缅宁（原临沧县，今临沧市临翔区）博尚收购站，该地区周围都是茶叶产区，是双江、镇康等地与内地联系的交通要道，也是茶叶重要集散地，茶叶交易数量大，常年可购进 8000 多市担，民国时期下关就有许多茶商在此设商号或分号收购茶叶，用骡马运到下关加工。1952 年初，云南省公司决定由下关茶厂派人直接在缅宁设立博尚收购站。1953 年交由省公司管理，并与顺宁茶厂管理的双江收购站合并，扩大为缅宁收购处，全称为“中国茶业公司缅宁收购处”，1954 年又改为“西南区茶业公司云南省公司缅宁办事处”，下关茶厂的王又生、王武等 13 人也调到省公司缅宁办事处，大量收购双江、勐库、镇康一带的原料。

从以上记载可以看出，下关收购的勐库茶原料就有东、西半山及冰岛茶的大量存在，下关沱茶的核心是拼配和加工技艺，一直突出的是甄选云南名山各大茶区晒青毛茶精制而成，虽然早期就有冰岛茶的拼配，包括现在的其他名山古寨的茶叶拼配，但当年都没有单独突出哪个山头、哪个村寨，这也是下关现存的印级茶和中期茶转化好，口感非常丰富，受到广大普洱茶友热捧的原因之一。后期随着市场的变化，满足茶友消费者的需求，下关沱茶最早生产的以冰岛直接作为产品名称的产品是 2010 年的 357 克云南勐库冰岛母树茶（铁饼、泡饼），2012 年出品了 250 克云南勐库冰岛母树茶（沱茶），2013 年及 2016 年出品了两批 357 克上善冰岛古树圆茶（泡饼），2019 年出品了复春和号冰岛老寨古树圆茶（泡饼）。

申健说：“拼配与纯料各有价值，但顶级茶适合做纯料，拼配的茶适合做规模化的产品、大众化的产品；真正顶级的茶是完美的、有自己独特风格的，已经达到一定的高度，并且有自己的个性、保留了自己的风格。”

而据勐库的茶商说：“勐库茶在没有起来之前，相当规模的茶叶都是转运到勐海去卖；2006 年以前，勐库各个山头，包括冰岛，都以勐库茶的名义出售。”人需要出名，茶也需要出名。2008 年，冰岛茶迎来转机，到 2010 年，冰岛茶声名大噪，再到后来，知名品牌入驻勐库茶区开始多了起来，当然，冰岛茶是重中之重。

甲在年前（2019 年年末）跟我说，他最近在喝一款以前买的茶，也是临沧茶，茶是一位私人老板做的，非常好喝。他还喝过一款小品牌出品的冰岛茶，评价极高：兰香馥郁、丝丝凉意、耐泡，并且茶气比新茶足，冰

岛甜很明显。甲评价某品牌的一款冰岛茶，认为可能是采用了新工艺、提香有点严重，前几泡很惊艳，但认为存放以后的转化应该会有问题。一泡好茶，特别是存放比较久的茶，应该是非常耐泡的，而且尾水滋味也很足，每一泡的均衡度、维持口感的耐泡度都要及格，因此他认为从迎合市场以及消费者的角度来说，那样做也无可厚非，毕竟老茶客还是小众，也只是一个厂家的问题，所以他也不认为那是什么问题。对于茶叶，甲是买了就喝，也喜欢这样，也就是说一两年内喝完，不会去存，觉得这样适合自己的生活。他说不同的茶厂，会有不同的工艺，以此来迎合市场，也没有什么错。

甲认为冰岛茶甜香——甜而香，也很润，这样才是一个完整的茶滋味；而最妙的茶，不管是什么茶，能吸收天地之精华，即生态环境好，品茶时犹如置身茶园，这个才是神品。但这样的感觉似乎有点奢侈而遥远，甲说之前只喝过一次，那是1994年去武夷山游玩带来的大红袍，那是茶农自己做的茶叶，还是用塑料袋装着卖的。再到后来，就是冰岛茶和昔归茶，但不是每个厂家的茶都接受，也不一定局限于品牌商，茶人做的比较小众的茶叶，只要做得好，他也接受。

【方志坚／摄】
某品牌2006年冰岛古树普洱生茶茶汤，从左至右、从上到下，分别为第1泡至第30泡。

Compare

比较：有特点，才有价值，也才真实

人无完人，茶亦如此，没有哪一款茶能满足所有人的要求。谈及冰岛茶，有朋友就讨论一个问题：当下喝，还是以后喝？这不但涉及每个人喝茶的时间、情景需求，还涉及到普洱茶的转化。

【罗静／摄】

每个人都有自己的梦想，茶人亦是。

张兵长期深耕易武产区，但后来也涉足临沧产区，按他的话来说，就是用易武的工艺制作临沧茶。易武工艺的目的之一是为了保存，而长期保存的茶跟当下喝的茶还是有区别的。邹东春认为临沧茶新茶好销售，因为香甜，有卖点。石美艺认为冰岛老寨的茶是会在口腔里跳舞的茶，协调性比较好。

【聂素娥／摄】

邹东春也会到勐库，亲自比较版纳茶与勐库茶的特点。

兰琦也是以版纳茶为主、临沧茶为辅，但他直接说勐库茶、临沧茶有转化价值。他说："如果拿其他产区来进行比较，最好是头春对头春、秋茶对秋茶，因为时节不同，香气等就有强弱之

分；同一个村寨的茶也有区别，比如这块茶园与另外一块茶园比较远，甚至海拔高度跨度比较大，那最终茶叶也不一样；在森林里的茶，茶水带有凉气，而光照比较强的茶树，茶水比光照不足的要更烫一些，因为含热量要更高一些；在这家喝的茶比另外一家的好喝，也要追着寻找，为什么好喝？要看具体的茶园位置与生态条件。”

胡继男说：“如果对比甜韵，可以用老班章产区的和老曼峨的来对比，因为在同一块区域，就像在勐库，可以用小户赛来对比冰岛，小户赛茶的滋味比冰岛要淡一点，小户赛当年的茶比冰岛茶好喝，香气更浓一点，但冰岛茶放两年后，底蕴就出来了。”他所在的地区，就有部分茶商用小户赛的原料冒充冰岛茶来卖。他说自己很喜欢勐库的茶，从小户赛开始，沿着海拔升高，一直追到冰岛。

申健长期做冰岛茶，算是第一个吃螃蟹的人，我的好几个朋友说他因为冰岛茶赚到了钱。但在2008年进入冰岛之前，申健的重心是在版纳茶区，直至现在，他也还在坚持做版纳茶。对于勐库茶的转化问题，申健的观点非常直接，一点都不委婉，他说：“勐库茶的转化非常好，这是我的观点，并且有全套的证据。我们可以做一个对比，拿五年、十年的茶来对比，从2008年到现在，我们都有冰岛茶，包括勐库其他产区的茶。优质的原料，加上正确的工艺、良好的仓储，就能有好的转化价值。对我个人来说，我过去是因为喜欢——刚好在其他厂家喝到了好喝的勐库茶，得到了勐库茶的信息，最后才特意去了解勐库茶的，其实就是喝到了勐库茶转化的一个结果。我在做勐库茶之前，对于勐库茶，我只收藏勐库戎氏的茶，且我最喜欢收藏的就是勐库戎氏的茶，到现在还有一大堆，不卖。我就因为觉得他们家的茶好，才找到勐库戎氏，才找到冰岛，当时，昔归的名气比冰岛大多了，昔归茶称为官方茶、县委茶，因为当时官方用茶都是选择昔归茶，不会考虑冰岛茶的，甚至都不知道冰岛茶。

上次我们做‘时间味道’的品鉴会，就是喝2009年的冰岛茶。我们会五年一开仓、十年一开仓，这样有一个好的比较；易武、冰岛、老南迫、小户赛等产区的都有，都做过比较，当然各个产区的茶都有一定的区别，细微的，甚至是较大一些的区别，各有千秋。”

【罗静/摄】
花蜜香，
一直是冰岛茶吸引人之处。

Middle-aged tea

中老期茶：是遗憾，也是开始

【罗静／摄】
云章茶厂收藏的1998年勐库生茶

最近几年，普洱茶市场出现了一个比较有意思的现象，即新茶比中老期茶贵，于是部分商家将重心转移到中老期茶的经营上来。但，中期茶的时间年限是多少呢？老期茶的时间年限又是多少呢？很多朋友都说只能是一个大概的时间期限，目前业界还没有一个完全统一且完全认可的时间期限标准，但大体上比较接近，也有一定的说服力。

一直在芳村致力于中老期普洱茶推广与经营的林欣说8—20年属于中期茶，20年及以上属于老茶，而5年以内的都属于新茶。目前在芳村比较流行的老茶多产于勐海产区、易武产区，因为茶厂多、做普洱茶的时间相对临沧来说要久一些，所以留下来的老茶也相对要多；而临沧产区目前能找到的普洱茶多归为中期茶，又以凤庆茶厂、勐库戎氏为代表。按照20年及以上时间属于老茶的标准来算，冰岛不是没有老茶，只是很少，少到罕见，所以市场上说冰岛没有老茶也很正常。事实上，属于中期茶的冰岛茶也依然少见。

兰琦说没有喝过存放三十年的勐库茶，所以也不敢说勐库茶没有转化价值。他说勐库茶早期是用来做红茶，再优质的原料，最终的归宿都是红茶的生产线；再加上普洱茶进入勐库相比版纳要晚好几年，这是一个无法否认的历史事实，所以现在没法拿出较早的勐库茶来喝、来做对比，但他认为好的冰岛茶，其茶气还是很足的。

张兵说现在市场上流通的勐库茶、冰岛茶，还没有太长久的历史的依据和考证，最多就是十几年、二十年的历史，所以不敢说将来的变化；当然，对中期茶来说，冰岛茶因为茶树品种的原因，其转化价值应该也不会差。李国建说冰岛茶现在被外界所推崇，加上产量低，所以哪怕是存放几年的冰岛茶都不算多。李学伟说现在的冰岛茶量少、价格高，刚出来的茶马上就被收走了。

一直在芳村经营普洱茶的黄彩珍，最早即是勐库戎氏的经销商，做了很多年，现在还有一些前些年做的冰岛茶。她说客人对冰岛茶还是比较认可的，个人觉得勐库茶压饼相对松一些，冰岛茶和易武茶有点相似，都比较柔和，而冰岛的新茶因为刺激性低、喉韵好，很容易入口，并且年轻化的消费者比较容易接受冰岛茶。

而在非常成熟的普洱茶消费市场——广东，也有很多朋友是冰岛茶的爱好者、追随者，并且分布广泛，并不局限于广州、深圳，还有东莞、佛山、中山、江门、云浮等地。在芳村，在这个全国规模最大、影响力最大的茶叶交易市场，临沧茶、勐库茶叶并不是毫无身影，我也看到了勐库戎氏、勐傣茶厂的店铺。

申健说："古树茶外观本来就不好看，要比外观好看，比得过台地茶吗？普洱茶要达到一个陈香的价值，有一个一定的比例，不是茶叶的级别越高越好；好的普洱茶有几个标准，如果能坚持标准做下来，那就会有好的转化价值。"甲对我说："你去茶山感受到的气息，应该也能在（好的）茶里感受到，这个才是好茶。"我也希望，能有更多的厂家、私人在销售、品鉴冰岛茶之时，能稍微留一点，留给岁月，留给未来，是为冰岛茶新的开始，新的旅程。

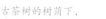

【李兴泽／摄】

古茶树的树荫下，
茶汤上的茶花，让心安静、愉悦。

【李兴泽 / 摄】
从鲜叶到饼茶，
要经历很多道工艺

【杨春 / 摄】
天上的一朵云，地上的一片阴凉。

茶园记:陡坡上的王子山，松软土壤里的王子树

2019 年 10 月 19 日下午，我们一行——我与彭枝华、云章茶厂第二代茶人、董太阳及其他的两个孩子，从冰岛老寨返回勐库，回程路皆是下坡，汽车驶出寨门几百米处，刚好在转弯处有停车的地方，同行的董太阳说这里有一棵比较古老的茶树，即大名鼎鼎的冰岛王子山的王子树，建议我们去看看。

作为这次冰岛考察的专职司机——云章茶厂第二代茶人便将车停在转弯空地上，不影响来往的车辆。我自己因为身体不好，来勐库的第二天便生病了，影响了工作，所以当天在冰岛老寨采访的行程结束得较早；而看古茶树这种安排，于我并无太大的压力，反而是一种放松，所以也没有拒绝，欣然前往。

脚下是西半山冰岛老寨的王子山古茶园，对面就是东半山，天地之大，在这里便已明显感受到，虽无海之阔，却有天之空、山之巍；同行的他们走在我前面，才几分钟，就被古茶园所淹没，只闻人声，只见一棵棵树根斑驳的古茶树以及勐库的晴天。

勐库特有的晴天，天空中有云彩，远处的群山有云彩的投影，明与暗，清晰得想忽略都难，天上的一朵云便是地上的一座山，地上的一座山或许就是一些人的一辈子，一生都围绕着这座山而活，为一年的开支，为明天更美好的生活，在这座山里刨出路、刨希望。好在冰岛出名了，冰岛五寨都为此受益，财富也随之而来，成为整个云南茶区的明星村，也成为临沧茶区的富裕村；但更多的小微产区，还在追求与努力的路上，也确实还是在“刨”，所付出的艰辛与时间注定要比明星村多出无数倍，影响的，也将不止是一代人。

云彩悠悠而过，不急不慢，山里的人们也习惯了日升日落、云卷云舒，当然，是日常，而不是美景，是日常生活的一部分，而不是构成美景的一部分；或许，山外的世界才是他们想象的美景，从冰岛茶叶不值钱的年代到现在，这个梦想大概不曾变，尽管，冰岛成为了外界想象的景色。

虽是深秋，可视野所及之处，却群山泛绿，

【杨春／摄】

古茶园里的石头比较多。

没有一丝秋天的样子，更没有北国那份秋之萧萧与秋之意境，反而像极了盛夏，漫山遍野的绿意袭来，无边无际，比春天时节还好。这十月中旬的勐库，这绿意盎然的冰岛，没有柳永所写的“红衰翠减，苒苒物华休”的伤感，当然，也没有“烟柳画桥，风帘翠幕”的诗意；它所展现的，完全是一种朴实的容颜，是那份属于群山的本真的呈现，山是山，水是水，古茶树是古茶树。

【杨春 / 摄】

茶地的界限。

勐库、冰岛茶山的质朴之美，倘若用华美的词语来表达，反而会失真，但毋庸置疑的是，它透着滇西大地独有的生生不息的厚重与力量。就连我们步入的王子山古茶园里，也透着自然的气息，可以随意的步入、随意的看，没有一块商业品牌的牌子影响自己的视觉，更没有什么木栏之

类的围住一棵茶树作为宣示所有者的影子，包括后面我们所看到的那棵王子树。

【杨春／摄】

篱笆，是茶地的界限，且底部也能在一定程度上防止水土流失。

茶园里还透着冷热适宜的温度，没有盛夏的热，也没有冬天的冷，舒适得能让人怀疑勐库、怀疑冰岛的季节变迁。难怪云章茶厂第二代茶人说，他常常怀念勐库的生活，尤其是这个时节，他固执地认为这个时节的勐库才是最美的，美如对过往的念想，也美如对未来的遐思。

东半山与西半山之间的南勐河此时此刻也变成一条蜿蜒的银练，距离虽远，但相机的镜头拉近，仍然能看清清澈的河水淙淙流淌，汇入山脚下的冰岛湖。只是，没有遇见雨季时的南勐河，不知道河流会不会更宽一些、水流会不会更急；

但，它流淌得自如，同样没有“惟有长江水，无语东流”的哀叹，后来走到王子树附近时，能听到南勐河水流淌的声音，纯粹得如久违的记忆，只想夜深时枕河流声入梦，可以无关工作，无关冰岛茶，无关任何商业的元素，只是纯粹的听水声入梦来。

整片古茶园都在一个陡坡上，他们是当地人，他们早已熟悉了陡坡，所以一再嘱咐我走路小心些；而我也确实小心，小心至又拖了他们的后腿——我再次走到最后面，这与2018年勇闯西双版纳滑竹梁子格外相似，唯一不同的是，去滑竹梁子时是上坡，这次是下坡。

其实我贪恋的是所走之处的细微，包括古茶树的芽叶、花，包括古茶园的土壤、植被。作为第一次到勐库、到冰岛的我来说，一切都充满好奇，自然也不会在意辛苦，反而会在意自己会不会错过什么，所以我尽可能地留意周围，遇到喜欢的，也会以自己蹩脚的摄影水平用相机拍下来，实在不想错过什么——这是一次难得的考察机会，当我将部分图片发到朋友圈时，很多朋友看到后都很羡慕。

最先进入我眼帘的，其实是那些石头。从停车处稍走几步，就能遇到石头，生于土壤中，看着稍显突兀，但长得坚硬，似乎岁月这把杀猪刀并不会对它们形成威胁，冷冷地看待这个世间的风云，如果没有人为因素、没有塌方，估计它们会继续这样，再冷冷地伫立几百年。

【杨春／摄】
松软的土壤，不仅适合茶树的生长，也适合蚂蚁的生长。

稳如磐石，说的大概就是这个意思。既然如此稳，那些寄生植物也就找到了一个安稳的家，比如苔藓类，就依附于它们身上。当然，这个时节苔藓是不会呈现水灵灵的样子给我们的，尽管看着很绿、很鲜活，但用手一摸，是感受不到一丝的水分的，很像一小块薄薄的绿毯。苔藓，也只能待来年、待雨季，重新绽放生的灵动；可前提是，它们得坚持到来年的雨季。

古茶园刚刚被人翻过土，痕迹过于明显，所以即便是外行也能看出来，这与之前在冰岛老寨采访字光兰时所获得的茶园管理信息一致，即翻土。古茶树下的植被，尤其是杂草，早已没有了应有的光泽，或露于土壤之上，或埋于土壤之下，或一半掩埋、一半在上面。

可能也正是因为古茶园被刚刚翻过土，加之土壤为腐殖土，且坡度较大的缘故，所以我走在古茶园里，每走一步都会觉得身体往下沉，每挪一个脚步，再回头看，之前所走、所站的地方都明显有一个很深的坑——这应该不是我胖的原因吧！还有一点也很有意思，就是我想努力地多在一个地方站一会，最后发现这也是一个难题，如果想多站一会的话，土壤下沉会导致人站不稳，想来想去，感觉还是坡度较大与腐殖土较厚交集在一起的原因。

虽是秋季，但这片古茶园的土壤并不干燥，相反，湿度还是比较大的，浅层下即是湿润的土壤，与外表层土壤的颜色有着明显的区别，我所踩出来的深坑更是证明。云章茶厂第二代茶人说从 2009 年关注冰岛茶区开始，一直到现在，已经有十年的历史，每年都会来冰岛的茶园，也会持续观察这个茶区的土壤，他发现冰岛茶园里的土壤一直都是松软的，按他的话来说，就是“土质是真的好，不像坝区的（土壤）是硬邦邦的”。他所说的“硬邦邦”，其实就是土壤板结，土质硬化对古茶树的杀伤力是致命的，有人形容这个现象就像古茶树被掐住了脖子、不能呼吸，会加速古茶树的死亡；这与在勐海县老班章所看到的茶王树也很贴切，因为去参观的人特别多（买老班章茶叶的人比较少，看老班章茶王树的人特别多，买不买好像都不要紧，要紧的是要看一看，顺便再拍几张照片发一下朋友圈），茶王树周围的土壤已是“硬邦邦”的，土壤板结比较严重，与茶树需要的松软土壤相去甚远。

人怕出名猪怕壮，茶树也一样。这是一把双刃剑，如何取舍似乎也是一个难题。不管是一个人，还是一棵茶树，出名（当然不是恶名远扬）往往会带来积极、迅速的财富效应，一棵茶树倘若能成为茶界耳熟能详的“茶王树”、能成为明星，那自然会带来更高的价格；可同时也会带来慕名而来的参观者，如人流量较大，随之而来的或许就是土壤板结、加速茶树的死亡。土壤板结是茶树死亡的原因之一，当然，这个概率比较低，远远低于虫害、山体滑坡所导致的死亡。

【杨春／摄】
翻过土的古茶园

好在我们所看到的这片茶园没有这个现象，恐怕得益于腐殖土较厚、湿度与坡度较大的完美结合，有助于茶树树根输送水分、透气，也不会产生因地势低洼所带来的雨水浸泡树根的不利局面。希望这样的美好能够一直延续下去。

古茶园里过于安静，安静得只有我们的声音，没有春茶季的人声鼎沸；而更多的时候，都是无声，我们都在赶路，赶赴一场寻找冰岛茶的约定。就在我纠结于不能多站一会的时候，传来云章茶厂第二代茶人叫我的声音，原来他的观察更细致，他发现了翻土时不小心被弄断的树根的须根，推测应是古茶树的须根，手里抓的一把土壤里，能看到很多须根，有粗有细，有老有嫩，呈密集状，向土壤深处扩散、延伸，与土壤之上的茶树一样，亦向上方、向天空扩散、延伸，感觉就是向上呈伞状，吸收着阳光、进行光合作用，向下呈伞状，吸收着土壤养分，中间是一段主干……古茶树这努力生长的样子，却成为了我们久久不愿舍弃的风景。

只是这被工人误锄的须根，我们看着都很可惜，不知道主人看到会不会心疼。土壤之下的树根要拼尽多少努力，才能长成这手中土壤里的诸多须根，虽然，土壤之下，我们看不到须根每向下一厘米所付出的艰辛，甚至，很多人都不会去关注土壤之下的世界，因为我们看不到，我们看到的，往往是土壤之上的枝繁叶茂，毕竟，茶树能长成如伞盖的模样也确实好看，以貌取人在茶园里同样适用，至多变成“以貌取树”而已，去

【杨春／摄】
翻土伤到的树根根须。

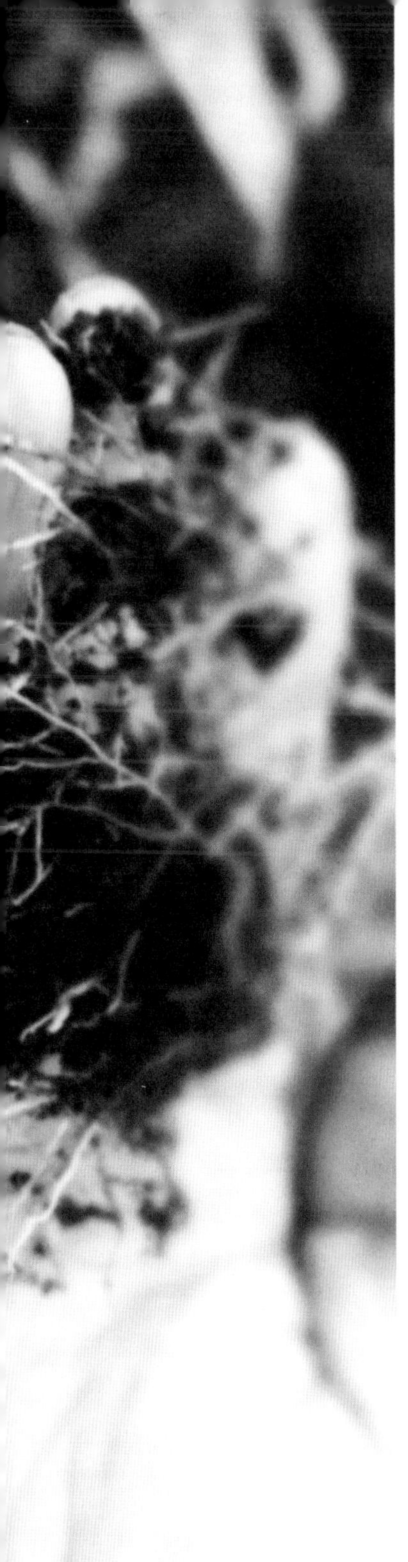

看那些看得到的东西仿佛更实在，更有说服力，也没有错。但对普通人来说，这已足够，能亲临古茶山一览古茶树风姿的，其实，也只是少数人，更多的人，更多的消费者，也只是在终端看看产品而已、看看商家拍摄的古茶树而已。所以像我们这样能够深入到一线产区作深度考察的，还是倍感幸运，也不觉得辛苦。

而十月中旬到冰岛，正赶上当地收秋茶的尾声，巧的是，王子山这片古茶园的秋茶还没有采摘，我们才有机会看到枝头嫩绿的茶芽；虽是秋天的茶芽，但也水灵、轻盈，叶片黄绿，正面有革质感、有光泽；芽嫩绿得不忍触碰，有的已初放，有的还呈闭合状，待放。芽与叶都散发着旺盛的生命力，抵消了秋意，将春与夏对生命的期盼留在了枝头，也延续至此时。

虽然深知冰岛茶名贵，也无人看护，可出于对自然万物生命的尊重，尤其是这水灵、轻盈的茶芽与古茶树根部、主干上苔藓类生长留下的斑驳的痕迹相比，依然充满感动，我终究没下手、没采摘一片茶叶，舍不得，也不觉得遗憾。作为过客，看到了便好，便已知足。

倒是茶花多数已稍显枯萎，有“残花”之感，花瓣散开，花蕊略弯曲；人低头的时候，往往是处于劣势，当然也可能是性格温和，但茶花低头的时候，往往处于生命的末端。这样说好像也不对，因为还有茶籽，还可以延续生命。在王子山，我们只看到极少数的茶花开得鲜艳，或许，只能怪自己来得稍晚了些，没赶上它们最美的容颜。

王子山虽为陡坡，但茶树的密度并不低，对于习惯翻土的当地茶农来说也是好事，至少水土保持方面不会太差。也是在王子山，我们看到了茶农自己家茶园的界限管理模式，即用各种材料所立的桩，再以塑料线或铁丝拉成线，以此分界，这让我想起了冰岛五寨之一的地界。想想也好，这样的分界方法简单、直接，不管请哪里的工人来采摘、管理都比较方便，主人交待一下即可。分界从山顶往山脚下延伸，直直的一条线，确实容易分辨。后来在靠近王子树的地方，我还看到了竹子编织的篱笆所围起来的一道矮矮的墙，我私下猜测，那应该也是分界的标志，只是它与之前从山顶往下的分界相比，是横着的，与山脚下的公路平行。

及至王子树，云章茶厂第二代茶人往回走，他回去开车来山脚下的公路边接我们，因为我们都不愿意再爬坡返回去了。

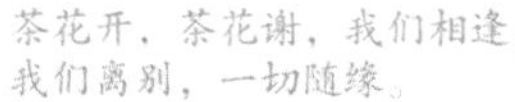

【杨春／摄】

茶花开，茶花谢，我们相逢，我们离别，一切随缘。

与王子山整片古茶树相比，王子树确实高大，根部粗壮，就像一个历经岁月洗礼的老人一样，布满沧桑；主干至分叉处有一米左右高，再往上，即成伞盖状，向四围伸展枝叶；整棵茶树高度在5米多，这在冰岛茶山算是难得的了。董太阳一时心血来潮，将他自己的两个孩子放到茶树上，然后他在下面拍照，当然，我也凑热闹。可是，时间久了，两个孩子也不乐意了，最后带着哭腔说要下来，董太阳才将他们接到地面。

事实上，当地人是将这棵王子树称为“山王子”，或许有“冰岛茶山王子之意”，而我为了表述方便、更容易记住，称之为“王子树”。

从王子树再往下，距离公路已经很近了，能听到偶尔驶过的汽车的声音，但走过去，还是要花费一点时间的。至王子山古茶园尽头，是灌木丛、乔木，而我最头疼的是肆意疯长的杂草以及陡坡。陡坡虽陡，但可以小心翼翼，可以用手抓着植物，顶多就是走慢一点罢了；而杂草长得完全掩盖了山路，甚至是山沟。所以在经过一处山沟时，判断失误，一脚踏空，摔到沟里，好在沟不太深，又本能地用右手撑住地面，才不至于伤到头部、腰部，好在没有摔到相机。等我从沟里爬上来，才发现右手有血迹，可能是被锋利的杂草划破了，一下子还没有找到伤口在哪里，隐隐的疼。

等我到公路的时候，他们已经在车上等我了，之前没有准备药品，包括酒精，所以用纸巾简单的包住伤口，到快接近勐库镇的董太阳家里，我们稍作休息，董太阳找来了高度白酒，我接了三分之一杯到门口清洗伤口；而他的两个孩子，或许是因为一天行程的疲惫，其中一个已经睡着了。

生病与摔倒，让这一天记忆深刻，我记住了王子山，记住了王子树，当然，不是深仇大恨，而是加深了对冰岛的记忆。也是这一天，就在前往王子山古茶园停车之前，在从冰岛老寨下来的路上，我从车窗看到了魏成宣，因之前只是在微信上联系过，从未见过真人，而那两天通过微信朋友圈也知晓她来冰岛、也彼此联系过，说冰岛老寨见，但我终究还是不敢确认是她、不敢打招呼，应是自己过于腼腆吧，错过得如此完美。

一个人有一个人的性格，一如冰岛茶区有自己的性格一样，这样的世界才丰富多彩，云南的普洱茶也才滋味万千、回味无穷，不至于单一到枯燥；不用过于去改变自己，而是坚守本真，这样才自然，“自然应该是可见的精神，精神应该是不可见的自然”，沿着自己的路坚持下去，如实，记录如此，生活如此，对朋友如此，就很难得了。

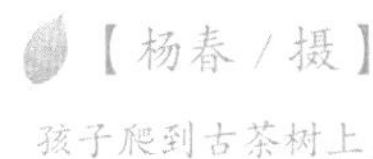

【杨春 / 摄】

孩子爬到古茶树上

冰岛人，勐库人

因为时间关系，我所接触到的冰岛人、勐库人并不算多，但好在真实，且老、中、青三代皆有，故也具有一定的代表性，从他们身上依然可以感受到冰岛与勐库真实的一面。

【高明磊／摄】

从崎岖到坦途，总得有一个历程

Their way

他们的路：延伸着希望与风景

2019年10月，我从昆明去勐库，是坐朋友的车。其实，我很怕这段路程，因为要花费8个小时以上的时间，并不是那么舒服的旅程。11月再去，我是从版纳直飞临沧，不想折腾，更不想坐车。廖福安提前到机场来接我，而从机场到勐库，开车也需要50分钟，路程不算太远，主要是路况不好，不敢开快。好消息是，现在正修建的高速公路刚好经过冰岛产区，且冰岛这里特意规划了一个出入口，从冰岛到临沧只要15分钟——很期待早点通车，这样，下面的往事就会渐渐淡去。

【高明磊 / 摄】

现在，从勐库镇到冰岛老寨的路已经非常好走了。

从勐库镇到冰岛村，路并不算近，长达30公里，开车也需要40—50分钟，前提还得是老司机，这样一来能提高车速、节约时间，二来能保证安全。如果每天往返两地，其实还是很浪费时间的，所以我在2019年11月到冰岛调查时，主动跟朋友说把我安排住在寨子里，这样就可以不用每天来回跑了，不但节约了时间，还相对轻松，所以那次我在寨子里一住就是七八天，也确实舒服，带来了工作的便利性，整个人的状态也比较放松。

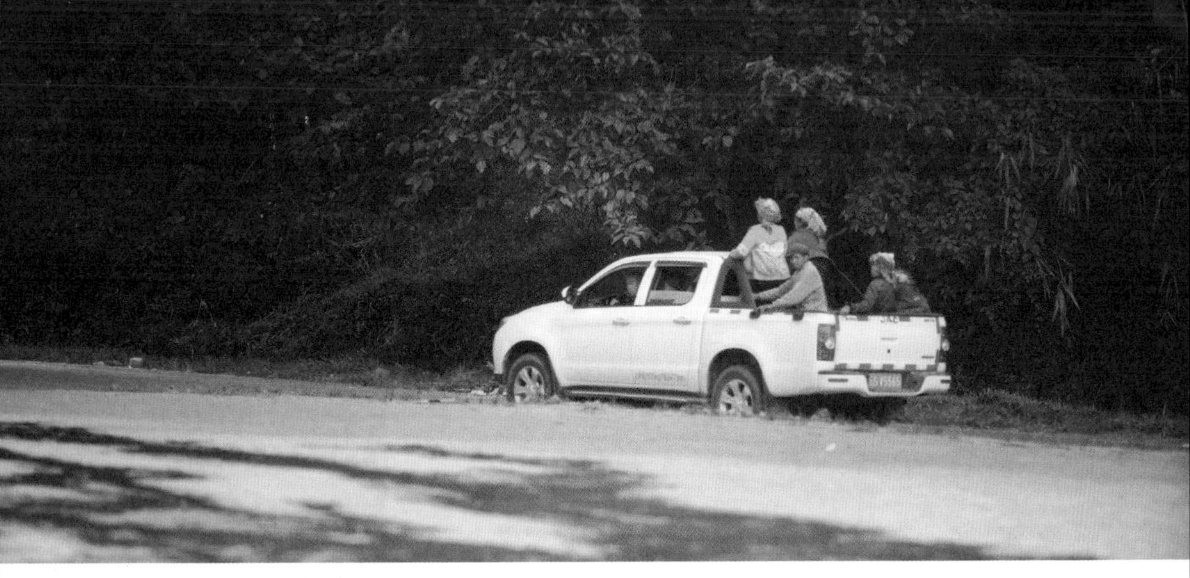

但这条路，过去并不那么容易走。李国建说他2004年从勐库来冰岛老寨，是坐拖拉机，遇到塌方，花了一天的时间；到山脚下的时候，是走路上来，花了一个多小时，当时进来也难，出去也难。他说过去从冰岛老寨到县城赶集，要2天，需要在路上过夜。

2008年，申健第一次到冰岛时是泥路，按他的话来说，就是"烂路"，还遭遇了塌方与惊险。这种路在2018年我到版纳考察时还经常遇到，并且在偏远的茶区具有普遍性；现在从冰岛老寨到地界的路，也还是这种烂路，在11月上去的时候能深刻地感受到路难行，如果是雨季，那就更糟糕了。

今天我们到冰岛村，会走过很长的一段砖石路，这是在2012年铺的路；而在砖石路之前，还有弹石路。走过弹石路的人都会留下深刻的记忆，因为颠簸，又被称为"桑拿路"。现在勐海县从勐混镇到贺开古茶山的那段路就是弹石路，虽然颠簸，但颠得很均匀；虽然颠簸，但远胜过泥路、烂路，至少安全啊，去茶山，还有什么比安全更重要呢？如果想要舒服，那就不用去了。

对于这段砖石路，还有一些朋友在抱怨，说颠簸，没有水泥路、柏油路好。殊不知，"罗马不是一天建成的"，相比过去充满危险的泥路，能有今天的砖石路已是巨大的进步，已是当地政府投入巨资为代价修筑的，并不容易。

申健说："从勐库去冰岛的这段路重新修筑，花了几千万。"这段砖石路，申健习惯称为小砖路，说，"相比当年，已经很好了，比弹石路好多了。（这段路）又漂亮，砖石之间的缝隙上还长出草来，有一种生命的感染力。"申健一点也不掩饰他自己对这段砖石路的喜爱。广州的黄彩珍以及长期在昆明做营销的罗静也认为现在的路已经很好了。

我自己呢？当然是喜欢。虽然是砖石路，会有一定的缝隙，会带来一定的颠簸，但比较柔和，不剧烈，不会让人觉得难受。何况，这 30 公里的路途上，还有冰岛湖美景的陪伴，每过一个弯道，风景都不一样；清晨从勐库镇去冰岛和晚上从冰岛回勐库镇，风景也不一样。

日出而行，南勐河两岸的东西半山散发着蓬勃朝气，清新空气从窗户里进来，怡人，哪怕头一天再累，只要清晨走在这条路上，都会倍感惬意；日落而归，能感受到群山的黄昏那慢悠悠的静谧与祥和，人归，飞鸟也归。有好几次，我都很想停下来，在一个又一个弯道边，在湖边，那粼粼波光晃动了我的心，不愿归去。多少人被冰岛茶打动，只是，如果你不远千里、跋山涉水到这里，那也一定不要错过这沿途与湖交集的风景，因为那份静美，只有在梦里才能听得到，那微澜微澜的呼吸。

【高明磊／摄】

如果不赶时间，经过冰岛湖的时候
不妨停下来，看看这一池的微澜

他们的寨：总在变，一直是新颜

我在很多厂商那里看到了冰岛老寨旧时的容颜，云章、云南茗片、古韵流香、霸茶……与今天所看到的容颜相比，可谓翻天覆地；因变化之巨，最初我都不敢相信图片上破旧的土墼房会是冰岛，可是，那确实是冰岛，尤其是远景，完全可以辨别出来——茶农的建筑会变，但山势不会变。

2004年，李国建第一次来冰岛，村里基本都是土房子，而比较好的一间是在村口外面，是一间瓦房。陈武荣说冰岛以前是土墼房，到2007年慢慢开始改变。2008年，申健第一次到冰岛，村里的路并不好，摩托车都需要推着走。2009年，罗静第一次到冰岛，茶园里还套种着小麦、苦荞，有些人家的房子是土墼房，有些人家的房子还是篱笆房；罗静说当时他们也还穷，但非常好客。2012年，罗静再到冰岛时，就感觉到变化有点大了。再到后来，一年一个变化。

在我去冰岛之前，对其印象最深的恐怕还是他们说的“小广场”，且是在网上看到的。在我去之后，对这个广场也算是加深了印象，因为每天都要走一趟。从阿花家到张晓兵的初制所，广场是必经之地；要想看冰岛老寨最好的古茶树，广场是必经之地……如此推之，可以延伸很多。

【杨春／摄】
一直有施工，才是冰岛老寨的常态。

【刘华云/摄】

2011年的冰岛老寨

但总的来说，投资修建的广场确实给人们带来了极大的便利性，虽受限于地理环境，以至面积有限，可还是有实实在在的好处：搞活动，可以搭建舞台；平常又可作为停车场。

而寨子里，都通了水泥路，不再是过去的泥路。每家每户的房子都在比着崭新、比着宽敞与功能细分，已经很少能看到老房子了。就在我住在寨子里的那几天，阿花家的邻居正在建新房，坡上的罗改强家正在装修。之所以说到功能细分，是因为他们已经注重享受、追求更好的生活，卫生间要多一点，厨房要大一点，客厅也要大一点，停车场地也要宽一点，要有独立的茶室，以此方便客人品茶……上苍赐予他们冰岛茶，冰岛茶赐予他们财富，他们有这个能力追求更舒适的生活，没有任何过错。如果规划再好一些，能整体成景，能凸显民族特色与冰岛茶特色，那就更好了。

【高明磊/摄】

一片轻柔的茶叶，
承载着多少人的梦想。

Their years

他们的岁月：曾经的苦日子

张平说，冰岛过去是工作队都不愿意去的地方，“冰岛”过去方言读“Biǎng 岛”，有“风吹篱笆倒”之意，篱笆即过去的院墙，贫穷得如此直接，也如此形象。

字光兰说20世纪80年代，冰岛的茶叶并不是他们的主要收入。他们的收入是多样化的，谷子、荞、麦子都会种植，谷子就种在山脚下的平地——属于水田，所种的也就是水稻，但收获的稻谷并不够一家人吃；种的玉米，可以给所养的牛、猪、羊、鸡吃，而牛也是用来干活的，在这些满足后，多余的玉米才会卖掉；山上也种稻谷，但种的是旱稻，需要施肥（化肥类），且掌握的量也需要经验，化肥放多了不接穗，放少了也不接穗。那个时候，他们的日子过得确实不轻松。但现在，他们还有人种玉米，何文兴说种的玉米“人吃一点，鸡吃一点，猪吃一点”，但猪是养在山里，所以村里闻不到异味。罗改强说以前这边很落后，猪是放养的，寨子里的味道不是那么舒服。

1991年左右，当时还收屠宰税，张杨等人到冰岛村收屠宰税，因为说的是汉话，结果把遇到的拉祜人吓跑了。1994年，张杨说当时工资在270—300元/月之间，而他自己有时候一天卖茶就能赚到100元；当时勐库这边也还很落后，他卖茶是请人挑茶、运输茶，从茶农手里收购原料，再卖给大茶商，没有品牌意识，也没有建厂的想法。而当时，更多的是红茶。

【高明磊/摄】

多少艰苦，都渐渐远去；
多少往事，已渐渐模糊

还有朋友跟我说，过去没有人（毕业、等待分配的教师）愿意去冰岛的学校教书。如果有人最终去冰岛教书，那个人就会被认为没有工作能力、家庭背景很差，或者文凭很低，甚至是没有文凭；如果最后被安排到冰岛当老师，那是会哭出来的——命怎么那么惨啊！

陈武荣在冰岛做茶的时候（1999—2005年），冰岛老百姓坐车，有时候没有钱支付，就赊账，等来年收茶的时候再给。他说在2013—2014年，后传动拖拉机一车建筑材料的运费在150元左右。

2004年，李国建到冰岛时，半个月吃一次肉；所用的手机也是老款的，并且当时一个村只有一个地方有信号，要打电话，就要跑到那个地方。现在，每家都安装了宽带、Wifi，随时都可以上网，格外方便。

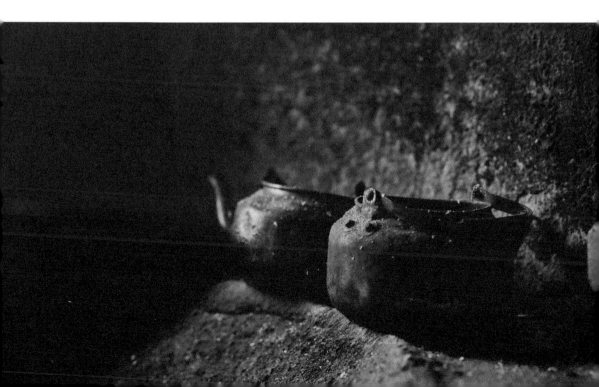

Their years

他们的岁月：钱去哪里了？

再后来，随着冰岛茶价格的上涨，他们的生活也在悄然改变，向着好的方向。廖福菊说，这几年冰岛老寨因为富裕了，都把孩子送到勐库镇、双江县城，甚至是临沧市区去上学，并且是从幼儿园开始。很多茶农考虑到孩子的教育而先买房。廖福菊就在勐库镇的学校教书，她说有的茶农还会请专门的人负责接送孩子上学、放学，代价是一个月出2000元，但也仅限于接送，并不是保姆。

我也曾跟赵胜华聊起过冰岛茶农财富支出的问题，他说大部分的人家主要是把钱花在房子建设上以及孩子的教育上，为孩子的教育，可以在县城、市区买房。罗改强认为他们的投资方向主要是房子，并说现在建筑材料的运输费用也不便宜。而2019年11月我在寨子里采访的时候，有一天刚好是周五两点，阿三的媳妇说要准备做饭，吃好后去勐库镇上，孩子在那里上学；他们不把

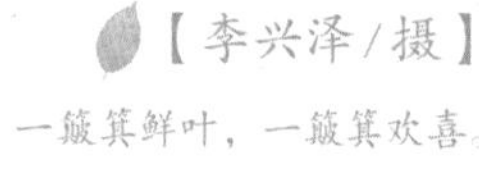

【李兴泽/摄】

一簸箕鲜叶，一簸箕欢喜。

【李兴泽/摄】

2012年秋天时的冰岛老寨。

孩子接回来，而是在镇上租了房子，周末就陪孩子。阿三说孩子要补课，他媳妇说就住在下面，家里（冰岛这边）有人管着，不用操心。为了照顾孩子，他们两口子还放弃了出门旅游。

对于汽车，赵胜华说可能他们不太在意，一般会买两辆车——农用的一辆，去城里的一辆，三四十万的就可以，也不太贵。农用的车主要是皮卡车，实用，但也有人买了福特F150；去城里的车主要是越野车，通过性要强一点，也舒适些，但也有人喜欢轿车。在勐库镇，我居然看到了一辆阿尔法·罗密欧，很有格调。

现在，冰岛茶农还喜欢旅游。11月月底，赵玉平、字光兰夫妇和小女儿赵年年跟村里的邻居组团去泰国旅游了。寨子里的茶农对我说："你来得不是时候，现在是农闲时节，很多人都去旅游了，提前就定好的。"

之前我在镇上的时候，就有朋友说："2013、2014年，茶叶价格起来后，他们不懂得花钱，经常到勐库镇、县城唱歌，一年要花掉好几十万；现在消费变了，唱歌也要去市区了，但没有以前浪费了。"这是一个好事情。

他们的岁月：静静演变的习俗

我第二次到冰岛的时候，字光兰的婆婆去世，按照当地的风俗，他们需要“守七”，即从老人去世的当天开始算，七天内，主人家不能外出串门。赵胜华说得更仔细一些：“这七天内，不能去别人家；三年内，大年初一和立春不能去别人家，其他时间不忌讳。”何文兴说，傣族和汉族都是七天，拉祜族没有这个习俗。何文兵、赵胜华都参与“守七”。

赵胜华说：“在这边，60 岁是一道坎，低于 60 岁的不能土葬，要先火化，然后再装进棺木里下葬；如果年轻人在外面意外去世的，遗体不能进村，也要在外面火化，也不能进村，最后选择苦主家里的地下葬——冰岛还没有公共墓地，都

【高明磊／摄】
现在，冰岛老寨的硬件条件已经非常好了。

是下葬在苦主家的地里，各家有各家的坟地。”他说，“下葬需要看日子，日子不好的话，可能一个月都不能下葬；阿花家奶奶的日子比较好，已经下葬了；但灵魂仍然会回来看望，所以需要孝子贤孙守护。守护是一天24小时，但参与守护的人，不用全部同时清醒地守护，可以轮流守护，即一部分人可以睡觉，另一部分人需要清醒地守护，当然，守护不是沉默，可以玩、聊天。”他说“守七”可以在客厅，也可以在院子里；阿花这一辈的没有影响，不用要求去“守七”，但实际上阿花还是去了。

赵胜华说下葬的当天，亲戚会挂礼，以此表达一份心意。长期驻扎在冰岛的李国建也说还是要挂礼，不在意钱多钱少，主要是心意。李国建是彝族，他说整个双江县，彝族人比较少，只有勐库和另外一个乡有一些，人口也不多。冰岛的拉祜族是信仰基督教，傣族文化保留得比较少，年龄较大的人说傣语还比较顺畅，但有的年轻人可能就不会说傣语了。

李国建说：“在冰岛，遇到当地人的喜事，他们会以口训的方式邀请，但他们在迎娶的时候，还是穿本民族的服饰，比较热闹，也有氛围；过去，冰岛人结婚时，要到森林里去砍竹子，取回来后做一个结婚棚，在主人家门口搭建好，以此方便客人吃饭。结婚棚虽然简易，但比较实用，起到遮阴的作用，不至于让客人暴晒着吃饭。”

关于节日，赵玉平说：“现在冰岛这里过春节、泼水节和火把节，最隆重的节日还是泼水节；而十年前，只过泼水节、春节，火把节是后来才接受的。”

在冰岛老寨，如何区别主人家是什么民族？李国建说：“看房子的建筑，或者说标识，有孔雀的是傣族，有葫芦的是拉祜族，什么都没有的，那就是汉族咯。”

【高明磊 / 摄】

每个茶叶产区都在变迁，涉及各个方面。

【他们的日常：来，干酒！】

在去勐库之前，就有很多人跟我说过勐库人（包括冰岛人）特别喜欢喝酒，我不是不相信，而是好奇——他们到底有多喜欢喝酒？结果第一次到冰岛的时候就领教了一次。那是10月中旬在赵玉平家，中午的天气还是有点偏热，彭枝华、廖福安和我都在喝茶的时候，赵玉平却打开了两瓶啤酒——大理V8，问我们喝不喝。他说他喜欢喝酒，但不喝白酒，只喝啤酒；最后他给我倒了一玻璃杯啤酒，啤酒在阳光下竟然有晶莹之感，颜色与冰岛生茶的汤色很接近。

后来的一天上午，彭枝华带我去勐那新寨采访陈武荣时，他还没有起床，他媳妇说还在睡觉。等他起床后，看到我们，笑了笑说："昨晚和朋友喝酒，喝多了。"我八卦地问："喝了多少？"他又笑，说："忘记了。"并且，因为醉酒，不小心磕碰到哪里，脚还在出血，没止住，但他丝毫不在意。陈武荣说过去冰岛人喝的酒，有他们自己酿的，也有厂家出的瓶装酒，还喝老江西（人）勾兑的酒；但贵的（酒）喝不了，只能喝便宜的，毕竟，每天喝酒与每天喝茶都是生活的重要内容，缺一不可——茶可以自己解决，酒是要花钱买的。

赵胜华说这里（冰岛）的酒文化比较浓。从几次接触下来看，我再一次认同，不会再怀疑。很多人没事就喝酒，且独乐乐不如众乐乐，喝酒需要氛围，约上朋友一起喝才够味。11 月的一天，正值中午一点半，我在阿花家写稿子，忽闻附近传来唱卡拉 OK 的声音，闻声而去，还真的有人在唱歌。那正是何文兵家，包括何文兴、俸勇平以及他们的朋友李富鸿、吴学清等人。何文兴说一年四季就这个时候比较清闲，可以放松地玩，等春茶的时候就要忙了；家里会留着一点好酒（自烤酒），酒是从南美乡那边买来的；高兴的时候就邀请大家去喝，管够！

和他们聊天的时候，还能闻到浓浓的酒味，他们刚喝完酒。这就是冰岛人的娱乐生活之一，啤酒也好，白酒也罢，随意、开心。其实，只要不过度饮酒，这也是一种人生态度，与其愁眉苦脸，不如开心喝酒。后来经过寨子里小卖部的时候，我问老板娘什么酒好卖，她说“小黑江、窖酒和大理 V8 最好卖”，而窖酒属于小黑江旗下的品牌，小黑江又被当地人称为“勐库茅台”。

李国建说过去因为喝酒，他们存在“想不开”的问题，也有性格比较保守的缘故；后来随着茶叶价格起来，经济收入大幅提高，现在的他们已经很热爱生命了。彭枝华也说过去冰岛的很多男性都属于“酒养着”（身体），哪怕戒酒也不能一下子就戒掉，要慢慢地戒；现在，很多年轻人都没那么嗜酒了。

酒文化浓，又何止冰岛呢？勐库依然。有一晚，我们从冰岛回到勐库镇，觉得时间还早，就去张平的茶厂坐坐，没想张平、张杨等都还在喝酒，且正酣。而好几次，我在张杨家里吃饭，他们都是不能缺少酒的。

但我记忆最深刻的，还是在冰岛，还是那个 11 月的中午，俸勇平赤着上身，手里拿着一瓶白酒，跟路过家里的熟人打招呼：“来，干酒！”

【杨春／摄】

小黑江及窖酒在当地非常受欢迎。

双江小
酒精度:%vol
小黑江
原料：水、食用乙醇、玉米、大麦、荞、乙酸、乙酸乙酯、甘油
产品标准号：GB/T20822
生产许可证号：SC11553092515047
产地：云南省临沧市
贮存方法：阴凉、干燥
生产日期：见瓶盖
窖
过度饮酒、有害健康

Their daily

他们的日常：“好吃伤啦”与勐库粑粑

冰岛人、勐库人对吃的追求，一点也不逊色。当然，一地有一地的特色，即便是表达好吃这个意思，勐库人也说得够直接，也够鲜活。我在彭枝华家里吃饭时，廖福芳给我做了好几道勐库大菜，彭发燕一边吃一边说“好吃伤啦！”，后来才知道，这是他们夸奖某道菜好吃的通用语，类似于“太好吃了”“爽”或者昆明方言“板扎啦”。杨小应说，“好吃”还有一种说法，即“滋香”“滋好吃”，这个也很形象。

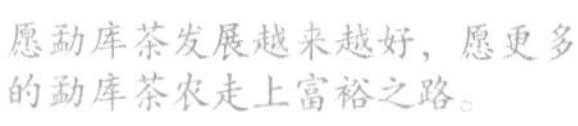

【张兵／摄】

愿勐库茶发展越来越好，愿更多的勐库茶农走上富裕之路。

长期在昆明的罗静，每次聊到吃的话题，她都会想起勐库的美食，尤其是食材的新鲜与原生态，让她念念不忘；而勐库的食材也确实没话说，根本不会抱怨，仅以辣椒来说，他们就分得很细。我在彭枝华家就看到他在舂糊辣椒，但前提是干辣椒要放在炭火的余烬上烘烤，且务必要“沾灰”，这样吃起来才香；舂的时候，顺便放一点大蒜、姜、盐和味精，全部舂在一起，最后便成为一碗勐库人饭桌上不能缺少的蘸水，吃起来更有滋味，更觉生活的真实、满足与过瘾。饭桌上只有一碗蘸

【杨春 / 摄】

辣椒是勐库人不能缺少的调味品，也可以是单独的一道菜

水？那勐库人可能会失望的，得两碗才行。彭枝华除了做刚才那碗外，还做了一碗小米辣的蘸水，小米辣还是现采摘来的，这样才新鲜。两碗蘸水，辣度不一样，大家可自由选择，谁都不欺负。在张杨家吃饭时，他们家也是两碗蘸水，不同的是，一碗是湿的，另一碗是干的，吃起来又是不同的感觉。

也是在张杨家，我在10月的时候还吃到了野生菌，那是他去山上采摘回来的；早上去、中午回、下午成菜，还很新鲜，这是我2019年最后一次吃到野生菌。张杨去山上还找到了竹虫，做成佳肴后，他看到我不敢动筷子，一再鼓励我："没事的，这个很好吃，是很不错的下酒菜。"我鼓足勇气吃了一条，竹虫被我咬破，轻轻地发出"嘭"的声音，然后感受到了韧性，那是竹虫的皮。

在冰岛字光兰家，我吃到了一种咸菜，很像腌制的洋姜，但又不是，吃起来甜、脆、鲜、爽，感觉好极了；一小碗的多数都是被我吃掉的，当地人称为“羊甘露”（音译）。11 月去冰岛，廖福安从机场接我到勐库镇时，因为已经有点偏晚了，就在路边的一家饭店吃饭。我想吃番茄炒鸡蛋，结果老板娘说只有小番茄，并用手势比划给我看——到底有多小，又补充说吃起来有点酸；后来上菜，我吃了一口，还真的酸，比微酸更酸一些，那种感觉颇有点像遇到心仪的女孩子，却只能眼睁睁看着她成为别人的女朋友……

冰岛老寨现在没有种老品种的稻谷，他们说老品种的吃起来感觉更对味，也更经饿，可能南美那边还有。在冰岛，想吃鸡也是一件不容易的事，跟版纳一样，鸡会飞到树上；他们都是将鸡放养在山上，想吃鸡的话，要提前一天准备，趁晚上鸡休息的时候抓住，这样第二天就能吃到鸡肉了。

11月去冰岛时，赶上主人家有事情，所以不在家里做饭，我吃饭就成了一个问题，好在阿花回来做饭，解决了我和他们家工人的吃饭问题。阿花的厨艺不错，皮蛋、冬瓜炖排骨、麻辣土豆条……全都合口，我能吃两碗饭，很满足。有时候我也去俸字号蹭饭，有时候也会在阿花家自己做饭，采访回来，冲泡好一壶冰岛茶，再慢悠悠地做饭，这也是一种享受。在茶山，无论是临沧还是版纳，能吃饱饭，是一种很幸福的感觉——饿过，才会有这种念头。

【杨春／摄】

不同的辣椒有不同的吃法，或者说不同的饮食需要产生不同的辣椒制作方法。

冰岛老寨也产多依果，外表不好看，但散发着浓郁的清香，有点类似于新鲜的苹果香；我并不喜欢吃多依果，只是在嘴馋的时候偶尔尝一个；勐库镇的朋友说以前去冰岛老寨收茶，肚子饿的时候吃一个多依果，会觉得更香。

在冰岛老寨，想吃新鲜蔬菜有两个办法，一个是自己种，所以我们会看到茶农家院子里、门口种植着蔬菜，有的甚至用花盆种植；在广场下方的古茶园里，也能看到他们种植的蔬菜。另外一个办法就是买，这又有两种渠道，一种是外面的人开着面包车上来寨子里卖菜，除了蔬菜，还有肉类、凉粉、饼等等；另一种就是他们自己到勐库镇采购。所以，尽管现在冰岛老寨很富裕，但吃新鲜菜还是不方便，朋友们去到时，如果主人请吃饭，我还是建议不要浪费。

【罗静 / 摄】

过年时候才会制作的勐库粑粑。

春节前，罗静在朋友圈发了一组照片，那是勐库的粑粑，看得我垂涎欲滴，因为我自己很喜欢吃糯食。对于吃，我是很执着的，喜欢刨根问底，廖福芳说，勐库粑粑的制作很简单，先把糯米和另外一种很细小的农作物果实分开用水泡一个晚上，然后两种混在一起煮熟，再一起舂，最后捏成团状、压扁一点即可。当然，做好后，再如何馋，也不能先吃，要单独制作几个大的粑粑祭祖先以及厨房里的火神；这一切弄好后，人们才能吃勐库粑粑。如何吃呢？一种是直接油炸，这种吃起来更香，但热量高；另外一种是用炭火烤着吃，多数勐库人更喜欢后者。勐库粑粑之于他们，寓意着团团圆圆、香甜有味，也是勐库人春节不能或缺的内容。

也仿佛只有“吃”这个字，才能将生活嚼得有滋有味，嚼出岁月的喜悦与未来的期盼。

在勐库彭枝华家，每到菜上满桌、准备吃饭时，他们一家人都热情地招呼我吃饭。在他们的日常里，“吃”是很重要的内容，除了吃饭，还吃茶、吃烟，一切都是“吃”这个字。

 Their mark

他们的印记：冰岛茶农，每个人都是鲜活的个体

申健说2008年第一次来冰岛老寨时，虽然当时寨子里的路还比较难走，但他们（茶农）比较淳朴。对于走惯了茶山的人来说，能这样评价茶农，其实是非常难得的；时代在变、社会在发展，尤其是在物质财富不断积累的背景下，人也是会变的，区别在于：有的往好的方向，有的往不好的方向。可是，好与不好的标准，也没有一个清晰的界限，一念而已，相比较而言。

对于申健所说的，我也理解，但相比版纳的某些热点产区来说，现在的冰岛茶农也还好，多数茶农还是很淳朴的，这从他们不善于与外界沟通、不会推销自己这一点就可以感受得到，并且非常明显；当然，也有少数茶农比较“高调”，这也是事实。

【杨春 / 摄】

茶农何文兴（右）和他的朋友

我到冰岛接触的第一家茶农就是字光兰，村里的人习惯叫她阿菊，她丈夫是赵玉平，两人都是傣族。他们有两个女儿，大女儿是赵胜花，大家都叫她阿花，22岁；小女儿是赵年年，21岁。阿菊说她是19岁结婚，但哪年出生，她一下子也没想出来；朋友后来跟我说，他们不太习惯过生日，也不太习惯记年龄。阿菊不太擅长表达，和赵玉平一样，不会讲述太多的东西，有什么说什么，且很短，我们的沟通没有延伸，最后就随

意地聊天。她更多的是招呼我们喝茶，有一次刚好是喝冬茶，并且是刚做出来的，阿菊说不耐泡。赵玉平喜欢喝啤酒，让我惊讶的是他不喝茶，可能是现在冰岛村唯一一个不喝茶的茶农。他说小时候喝茶，结果睡不着，后来就不再喝了，而客户来家里买茶，就让客户自己冲泡，喜欢就买，不喜欢也没事。

阿花和妹妹赵年年都非常苗条，长相也极为相似，以至我一直没有搞清楚谁是谁，很多次我都不敢叫名字，生怕弄错了；后来阿花说，长头发的是她自己，短头发的是赵年年。阿花在昆明上学，学的是电子商务，今年（2020 年）毕业。她说因为是长女，需要回家来打理茶叶生意，如果有一个哥哥或者弟弟，她可能就不回来了，至少暂时不用考虑回来。赵年年也是在昆明上学，学的是市场营销。姐妹俩都还没有结婚，也明确毕业后要回来做茶。阿菊家有三四十棵古茶树，这在村里还是一个不错的量。

从阿花家下来几十米，便是罗改强家。他家正在装修，我第一次找他的时候，他不在，装修工人说去拉建筑材料了，差不多要回来了。我才出来不远，就看到一辆越野车驶进去，猜测应该是他，也果真是他。罗改强是拉祜族，2019 年才结婚，在冰岛算是晚婚了；媳妇叫李全惠，是双江县城的。他说，媳妇是朋友介绍认识的，现在也在县城买了房子，住在县城的时间更多些。罗改强说 2007 年茶叶涨价，但 2008 年降下来，在这边（勐库）干活不太好干，就想着出去闯闯，

【杨春 / 摄】

茶农赵胜花，既会做茶，也会做饭，并且好吃。

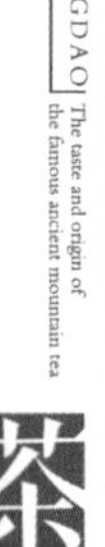

于是去到了山东打工，就在一家电脑刺绣公司，工作内容是烫衣服。他说出去外面看看，还是有一些帮助的，至少观念上有所改变；有切身的体会还是好一些，对自己的触动很大。罗改强有一个哥哥，就在自己家旁边，还有一个姐姐，就在父母的房子的下面，一家人都是做茶。罗改强自己家有大茶树，也不知道是哪一年种的，即使茶树的树围只有茶杯粗，也长满了青苔，不太容易长大。李全惠很热情，也很勤快，在院子里收拾着杂物。我特别感谢罗改强，他帮我讲解了熟茶的一些知识，还演示过去他们如何用筷子炒茶。

【杨春／摄】

茶农何文兵，很热情地招待我喝茶，让我随意抓他家的茶。

罗政强家的斜对面是何文兵家。我第二次到冰岛的第一天，因为阿花家有事情，我就一个人出来走走，就直接走到了何文兵家，刚好遇到他在煮泡面，他掐了几片围墙上栽种的鲜嫩的蒜苗放进锅里，问我吃饭了没有，没有吃的话一起；我问他怎么不吃饭，他说不想吃。后来才知道他是参加阿花家的“守七”，需要熬夜，所以起床比较晚。后来再去何文兵家，刚好赶上他在整理茶叶，要把茶叶拉到勐海去发酵——他是寨子里第一个做茶膏的，还特意给我冲泡了一壶；那天中午1点，他要出门，说是要去耿马接媳妇，让我自己泡茶喝，想喝什么茶就自己泡，不用介意。其实，何文兵家里就有好几棵古茶树，很是诱人。何文兵有一个哥哥，叫何文兴。

何文兴家紧挨着何文兵家。何文兴是傣族，一位长着胡子的大叔（相对何文兵而言），很好辨认。他有两个孩子，大的孩子在镇上上学，小的孩子是女儿，叫何廷廷，但大家都叫她“阿妹”，且你这样叫她，她也会答应。何廷廷很特别，年龄虽然小，但她会说拉祜话；年龄虽然小，但她喜欢吃茶叶，你没看错，不是喝茶，而是吃，她喜欢吃泡过的叶底，将柔软的茶

【杨春 / 摄】

茶农阿三，为人直爽。

叶当作好吃的蔬菜一样吃。估计，她已经习惯了吃冰岛茶叶，看来以后只能留在冰岛了，其他地方很难满足她这个吃茶的要求——得是真正的冰岛茶嘛。何廷廷有点怯生，我的相机对着她，她就一直躲。那天在何文兴家时，他的两位朋友过来他家玩，在泡茶的是吴学清，云县人；另外一位李富鸿，也不是冰岛人。何文兴家有8棵古茶树。

紧挨着何文兴家的是阿三家。阿三是傣族，听力不太好，何文兴让我说话声音大一点，不然阿三听不到，补充说阿三小时候就有这个症状，后又开玩笑说是喝酒喝的。不过，阿三还真的喜欢喝酒，我们在茶室喝茶，他在外面喝酒，还邀请我喝一杯。阿三家有 7 棵古茶树，中树茶、小树茶比较多，有 100 多亩[27]，但比较分散，“一处一小点”。阿三的媳妇是大文山的，她说是来冰岛帮茶农采摘茶叶的时候认识的；她说家里请了两个工人帮忙管理茶园，她自己主要是带孩子。对于阿三家，我印象深刻的是他们家的蜂蜜，在室内看是咖啡色，但在阳光下又是熟茶的汤色，红浓，极为诱惑。

与何文兵、何文兴、阿三在一起玩的，还有俸勇平，他给我的印象也很难抹去。他很豪爽，喜欢喝酒，还喜欢抽水烟筒，尤其是大冬天的光着上身，太震撼了！俸勇平的父亲 80 多岁，长寿之人，没有住在寨子里，而是跟其他子女住在市区。勐库镇的朋友跟我说，这里对于年龄较大的老人，当地形容为“像树叶老透了”，意为不知道什么时候会从树上飘落下来。

[27] 1 亩 =1/1500 平方千米

从阿三家下去不远，是赵玉学的父母家，我两次去冰岛，都去拜访过。有人告诉我，说赵玉学的父亲曾在过去的冰岛初制所干过活，那是冰岛最早的初制所，原址在山脚下，后来初制所拆掉了；奈何两次找到他，他都说“不会说”，朋友跟我说这可能是真的不会说，不是不愿意说，还有就是，年龄也确实大了。对此，我只能抱憾，因为年代较远的一些事情，只有亲历者才知晓，年轻一些的人即使想说，也无从说起，甚至他们都不知道曾经有过这样的历史。其实，他人很不错的，每次去都招待我喝茶，并且喝的还是罐罐茶，虽然是黄片，但滋味极为浓郁，汤色也着实好看。赵玉学的母亲身体比较好，也非常热情，第二次去的时候，她都认出了我。

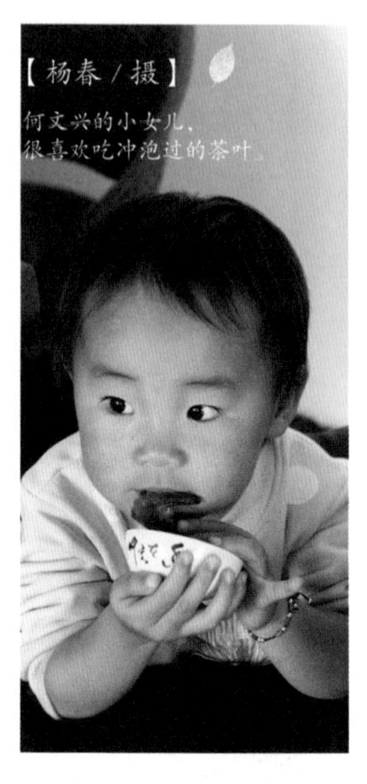
【杨春／摄】
何文兴的小女儿，很喜欢吃冲泡过的茶叶。

从赵玉学的父母家过去不远，即是赵胜华家。赵胜华也参与阿花家的“守七”，白天需要补睡一会。他说自己家的所有茶树都承包给了午一茶业，所以他们家不用做茶，只留了一块茶地（的茶树），留着自己喝。他哥哥家的茶树承包给了廖氏普洱。他说自己想做点其他事情，不想做茶叶这行，感觉做的人太多了。我要给他拍照，他连忙举手遮住自己，说“不要拍不要拍，我拍照不自然”。

莫洪伟家在赵胜华家的下一排房子。我在寨子里的时候，张凯推荐他给我，说他家有一棵比较出名的古茶树，即“冰岛美男子”；不巧的是，他去市区带孩子了，只有他媳妇（李木桂）在家。李木桂说自己是拉祜族，2007年从糯伍嫁过来的，两个地方相距不远；有两个女儿，一个5岁，另一个12岁，都是在市区读书，如果赶上做茶忙碌的时候，就请人帮忙照顾孩子。她说自己家有二三十棵古茶树，以前是承包给别人，后来到期了就收回来自己做茶。我在采访的时候，刚好遇到河南的客人过来看茶叶。采访结束后，李木桂还带我去看他们家的古茶树，就是那棵“冰岛美男子”，就在广场下面。

Their mark

他们的印记：张晓兵的村事与茶事

我到冰岛接触的第二家茶农是张晓兵，他是冰岛村委会主任，也是世昌兴的合作伙伴。张晓兵与董太阳是同学，所以我两次找张晓兵，都是董太阳帮我提前安排。

2006年，张晓兵在版纳州景洪市轧钢筋，干了几个月，一天60元的收入；后来到耿马县砍甘蔗，砍一吨的工钱是几块钱，并且是白天砍甘蔗、晚上装运甘蔗——货车几点到，他们就几点装运。这两项工作，都是辛苦活。2008年，张晓兵在工地上认识了人生的另一半，回来冰岛结婚，刚好赶上茶叶价格上涨，就安心做茶。他说结婚那几年，日子也艰难，但他媳妇没有抱怨过；当然，现在就更不会抱怨了，毕竟，身在冰岛茶的滋润中。

张晓兵的父亲是张云华，现年59岁，1983年来到冰岛老寨，他说“婚姻嘛，遇到了对的人就可以”。对于当下追求物质的年轻人来说，这句话堪称经典回应。那个时候，冰岛的生活也确实艰难，张云华说当时来的时候，这边都是土墼房，还没有砖房；当时种玉米、荞麦、水稻，水稻就种在山脚下的水田里，而茶叶价格也很低。他自己就喝生茶，说家里的熟茶还是别人送的。我问他是喜欢喝新茶还是放了几年的，他说拿到什么茶就喝什么茶，不挑剔。我第二次到张晓兵的茶室时，刚好有他们家的亲戚在，张云华说他们过来拿点茶；他说的“拿点茶”，是两大纸箱，当然也不会收钱，哪有收亲戚钱的道理！

【杨春／摄】

茶农张晓兵，他的茶坊人来人往，很热闹。

【杨春／摄】

张晓兵的茶坊视野极佳。

我第一次去时，遇到张晓兵的朋友张国普。张国普是双江沙河乡的教师，带着84岁的父亲来冰岛走走。他说父亲是“三好老人”——身体好、

精神好、书法好，而他说自己与琴棋书画诗酒茶无关，倒是与烟酒茶有关、与柴米油盐有关，因为他会做菜，尤其是牛扒乎、羊扒乎，地道的临沧味。

张晓兵2016年当选冰岛村委会的村主任，他说村官最难干的工作就是协调，尤其是村民田间地头矛盾的协调，比较操心。我第二次去找他，虽然董太阳帮忙提前安排了，但坝歪的一个村民因不小心跌倒、造成脑梗去世，他忙着去处理；他刚进茶坊时，顺手将一个烟盒扔进家里的垃圾桶，事实上，他并不抽烟，那个烟盒是路上捡到的。他说村里专门花钱请一个村民，一年5万的费用，专门负责收集村里的垃圾，运到山下处理。我们聊起教育，张晓兵说现在村里有十多个大学生，随着经济条件的好转，村民的思想观念也改变了，更重视教育；这一点，与我在其他地方所得到的信息是一致的。他说村里的收入主要是出租集体林地，而开支领域为公共设施的修补与村里的亮化工程。

我在冰岛采访的时候，很多人都在讨论冰岛的搬迁以及整个临沧市的违建拆迁。对张晓兵来说，这个任务并不轻松。

Their mark

他们的印记：勐库茶人，梦想与现实的交集

近几年，相比冰岛茶农坐拥茶树资源的先天优势，勐库茶人多多少少有些被动，但这并不影响他们做茶；而这条茶之路，又有两种勐库茶人，一种是继续做初加工、做毛料商，另一种是做品牌。前者相对要从容些，因为可能还有其他的收入支撑生活，可能灵活调整、可缓可急；而后者，他们需要更努力、更敏锐，如此，才能在瞬息万变的行业发展中活下去——没有退路，也是一种路，以更决绝的心态、更专业的风格坚定地走下去，如丰华茶厂、云章茶厂、勐傣茶厂、津乔茶业……他们唯一的选择，就是专注。

1966年出生的陈武荣，是这30年来最早一批做冰岛茶的经历者，现在，他还是忙那新寨的村长。陈武荣家就在路边上，采访时，不时有货车经过，轰隆声不断，采访也因此不停地中断。紧挨着他家的，是他花了200多万新建的厂房，有900多平米；他说厂房是自己的客户过来与他合作共建的，让他帮忙代加工茶叶。吸收外部资金做茶，这解决了资金问题，也是一种共赢，且能推动冰岛茶及勐库茶的发展。陈武荣有两个孩子，大的是女儿，小的是儿子，都跟着他做茶。我去的时候，他女儿正用水冲洗着庭院。陈武荣的媳妇很热情，泡茶给我和彭枝华喝，还端核桃给我们吃，说是山里野生的，还是好吃的。

【廖福菊/摄】

张杨过得很逍遥，忙时做茶，闲时做美食，很懂生活

在我接触的勐库人当中，张杨应该是最逍遥的一个，他很懂生活，也知道如何享受生活，经常说“做人要开心”；而事实上，他也确实做到了。张杨老家在大户赛，在那里还有成片的古茶树；现在，他也会收一些冰岛原料，该做茶的时候，他便一门心思做茶，在我10月到勐库的时候，他还安排工人在做龙珠。张杨的媳妇是廖福菊，是勐库镇上的老师，性格温和，她还跟我说起过关于冰岛的一些事。2012年左右，春尾，当时赶上雨水多，一位冰岛的茶农在张杨家的院子里晒茶，他要价200元一公斤（干毛茶），好好丑丑（品质好的与品质一般的）不管。廖福菊说当时春茶也有价格高的，但不具有代表性，因为那种要的量少，而很多茶农都是希望出大货，即量要大，并且，这个价格（200元）还可以赊账。也是那个时候，冰岛茶地出租，一块茶园只要10多万块，但张杨家没有要，一是觉得价格高了，二是自己家没有那么多钱，因为对方要现金。

只要空闲，张杨都会去爬山，既锻炼了身体，也收获了新鲜的食材，包括野生菌、野菜、竹笋、竹虫……我也有幸享受了好几顿张杨做的勐库美食，能吃饱，能吃好，很是满足。几次到勐库，我都是住在张杨家，他们家出门不远，便是去往冰岛的公路，很方便。张杨说詹英佩以前来勐库

【李兴泽 / 摄】

廖福安，为人耿直，很热情，在冰岛考察期间作我的专职司机。

调查的时候，他还骑着摩托车送过她，给她指路，带她到双江县茶办、档案室找资料；来的时候刚好下雨，她自己找着茶树去了解，很佩服她。张杨让我随意住，不要觉得不好意思，说“我和张华、廖福芳等，都是一家人”。

1957 年出生的张华，是勐库茶历史的见证者和经历者。张华说：“我们这代人，现在所说的小康，以前想都不敢想，社会能发展到今天。1964—1965 年，最基本的温饱问题都不能解决，好在我父母在合作社里种菜，最起码有一点菜吃。因为自然资源丰富，山上也能找到吃的，所以那个时候我们这里没有饿死过人。”张华的爷爷过去就是做生意，往两个方向，一个是临沧市沧源县、缅甸腊戌，另一个是普洱、昆明。2001 年，张华承包了当地的茶试站；2004 年赶上企业改制，他将其买下来，创建了丰华茶厂，一直坚持到现在。曾经的茶试站，其业务范围为茶叶的初制加工、茶叶品种的选择与育苗，开新的茶叶基地时要定植沟，包括宽度是多少、深度是多少、怎么种茶等。我说这些很像徐亚和的专长，张华说徐亚和既懂理论，又懂实践。

【杨春 / 摄】

廖福芳，性格非常好，有耐心，对家人、邻居都一视同仁。

张凯作为丰华茶厂的第二代茶人，创建了拉佤布傣品牌。张凯说父亲（张华）的家乡——大户赛情怀比较浓，曾经反对自己做冰岛五寨。这份情怀现在都没变，张凯泡冰岛五寨的茶给我们喝时，张华说大户赛也拿一泡，要对比着喝一下。张华现已 60 多岁，说："我现在采茶还可以，超过很多年轻人。"

廖福芳是廖氏兄弟姐妹中的老大，负责云章茶厂的原料收购，其丈夫是彭枝华，负责冰岛、大户赛、小户赛的原料品质把控；长子是李兴志，在学校教书，是整个家里唯一不做茶的；儿媳妇也在茶厂帮忙，所做的蜂蜜橄榄干超级好吃，喉咙清凉、不上火，每次去我都能吃掉一小袋；罗静是二儿子的媳妇，负责茶厂在昆明的销售；女儿是彭发燕，女婿是杨小应，都是在茶厂帮忙，负责大雪山的原料收购；廖福安是廖福芳最小的弟弟，也是在云章茶厂，主要是负责茶叶初制，很能吃苦，从来不抱怨，性格也直爽，知足常乐，我在勐库考察期间，都是他负责我的出行事宜，"随叫随到"；杨小应的哥哥是杨子权，在豆腐寨做茶；杨小应的弟弟是杨子超，过去是勐库戎氏的原料供应商，后来成为勐库戎氏在广东中山的经销商。

廖福芳虽然生活在农村，但处处透着通达、稳重，说话、做事不急不躁，无论什么时候都很平和；虽然我接触的时间不算长，但总给我一种亲切感，就像自己的家人一样。彭发燕有三个女儿，都还小；我带了一些孩子喜欢看的儿童图书给彭发燕的三个女儿，她们都很喜欢；其中老二似乎更喜欢独处一些，尤其是那双满是星辰的眼睛，清澈得让我久久难忘，犹如勐库的星空、冰岛山上的清泉。

有时候她们三个会互相打架，但作为外婆，廖福芳从没有发火，一直心平气和地劝解，不会偏袒谁，也不会各打五十大板，脾气好得像我这样挑剔的人都心服口服。邻居送鲜叶来厂里，廖福芳会热情地招待，没有刻意，也没有应付，平常得如岁月，简单的几句，便透着温暖。

廖福芳怕我在勐库吃不习惯，每顿都会特意做很多菜，这样即使我挑食，也总有喜欢吃的菜，就不至于饿着了。所以我每次到云章茶厂，到廖福芳家，都不会觉得有什么隔阂，很自然，很愉悦，出门在外有那种感觉，真的是一种幸运。

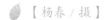

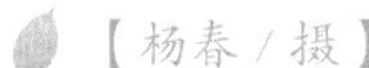

阳光下，坐在门槛上的三姐妹：
一层金黄一层温暖。

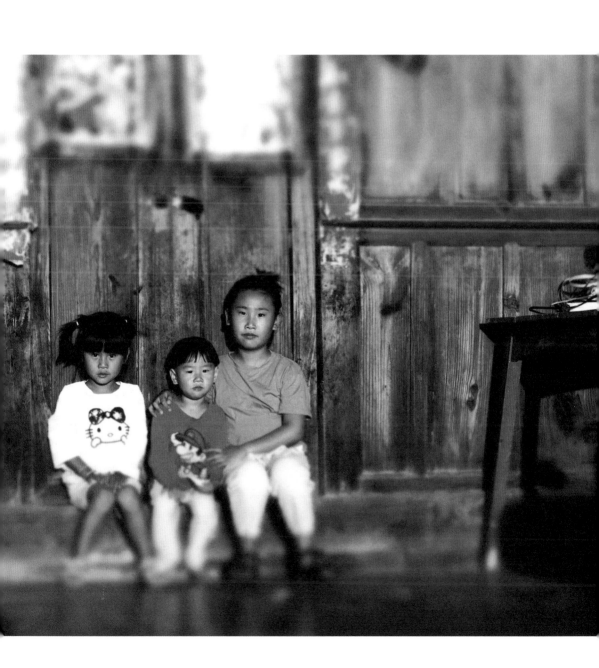

【张凯/摄】

张华，勐库老茶人，熟悉当地的茶叶特性，有着丰富的制茶经验，也非常执着。

冰岛发展简史

今天我们看到的冰岛，无论是冰岛村寨，还是冰岛茶叶，皆是过去无数的人一步步走过来并成就的，有纷争、有认可，有平凡、有荣耀时刻，铺就出一条属于冰岛的路，亦是历史。本篇记录的时间为1950年至2020年3月。

县人民政府成立后，成立勐库贸易小组，开展茶叶收购业务。1952年7月，经中国茶叶公司云南省茶叶公司责成凤庆茶厂在双江勐库建立茶叶收购组。1953年，增设勐勐、邦木茶叶收购组。1955年，改勐勐收购组为双江县茶叶收购中心组，负责领导邦木、勐库及全县茶叶生产和收购工作。1956年中心收购组改为双江茶叶收购站。同年中央外贸部确定在双江改制红茶，成立红茶技术推广大队，同县政府建设科合署办公。1957年，撤销双江县茶叶收购站。1958年底双江、临沧两县合并成立临双县茶叶站。1959年10月，双江、临沧分设、恢复双江县茶叶站。1960年6月撤销

双江茶叶站，成立双江县茶叶局。1961 年 6 月至 1962 年 6 月，茶叶局并入商业局。1962 年 7 月茶叶与商业分设，恢复双江县茶叶站。1968 年 4 月 13 日成立茶叶站革命委员会，1969 年撤销双江县外贸站，成立双江县外贸局。1982 年实行产、供、销一条龙，茶叶收购归茶厂管理。1986 年，双江外贸局与茶厂合署办公，实行两块牌子一套班子。1988 年撤销外贸局，成立茶叶局，仍实行局、厂合一，两块牌子一套班子。

直属机构有外贸公司、勐库茶试站、茶叶技术推广站……勐库茶试站及茶叶技术推广站，主要负责茶叶科学试验及技术推广工作。

1952—1953 年，先后建立勐库、邦木、勐勐茶叶收购组外，其他地区均未建立茶叶收购机构……1982 年各乡镇茶叶组，统一改称茶叶站，行政归乡镇领导，业务归茶叶局、茶厂领导，管理各乡镇茶叶生产及收购。

1956 年推广改制红茶，陆续建立农村基层初制所。初制所为集体所有，独立核算，自负盈亏。1985 年后，初制所为集体所有，个人承包，业务受乡镇茶叶站指导。

……1958 年，在勐库镇的冰岛、地界、坝卡、下坝卡、忙那、邦章、滚上山、河边寨、南等、坝起山、正气塘、邦读、那蕉、忙蚌，今沙河乡的板楞、陈家寨、邦右、邦歪、绿那、营盘，今勐勐镇的邦歪、邦迈建立第三批初制所。[28]

1974 年，双江县茶厂成立，主要生产红茶。

改革开放之前到改革开放后几年，临沧县茶厂、双江县茶厂、永德县茶厂均会到勐库收购茶叶，县茶厂旗下又有很多初制所，私人收购茶叶的情况非常少。

1981 年 6 月，"云南省茶树品种资源征集考察组"到双江冰岛考察，建议并执行将鲜叶评级计分分配改为鲜叶买卖关系，使鲜叶直接成为商品。[29]

1983 年，冰岛村分茶地，按劳动力分，张晓兵家里有 2 个劳动力，分到了 2 份茶地，共计一亩九分地。这一年，勐库茶区干毛茶为 1.5—1.6 元一单斤。

1984 年，国务院批转商业部《关于调整茶叶购销政策和改革流通体制意见的报告》下发后，除调供出口红茶实行合同订购，边销茶实行派购外，内销茶彻底放开，实行多渠道经营，议价收购。每年茶季，省内外国营、集体、个体茶叶经

[28] 双江拉祜族佤族布朗族傣族自治县志编纂委员会 . 双江县志 [M]. 云南民族出版社，1995：247.
[29] 袁正，闵庆文，李莉娜 . 云南双江勐库古茶园与茶文化系统 [M]. 中国农业出版社，2017：176.

营者涌入茶乡，抬价竞购青毛茶，抑制了红茶生产……随着乡镇企业的发展，条件好的初制所，纷纷挂牌为初精制合一茶厂，全区茶叶日趋“散”“乱”局面，国有茶厂开始出现效益滑坡的势头。[30]

1985 年以后，勐库茶区干毛茶为 1.85 元一单斤。

20 世纪 80 年代，勐库坝区茶比冰岛茶更受欢迎，冰岛大树茶的价格还没有台地茶的价格高，茶叶的芽、叶面没有台地茶好看。

20 世纪 80 年代到 2002 年左右，冰岛茶叶主要销往临翔区南美乡的勐托村。

1985 年，戎加升在里皮经村办起茶叶初制所，解决了里皮经村村民卖茶路远的困难。

1985—1986 年私人做茶慢慢多了起来，但茶叶最终流向还是国有企业，私人还没有茶厂。

1986 年，双江县供销社茶厂组建。计划经济时期，双江县有 4 大茶厂，即双江县茶厂、供销社茶厂、国营农场茶厂、勐库劳改农场茶厂。

1987 年，戎加升外出承包停产两年的丙山村滚上山茶叶初制所。

1988 年，戎加升外出承包停产一年的下坝卡茶叶初制所。

1992 年，戎加升已掌握初制茶叶数额 2.5 万千克，向勐库镇人民政府申请办茶叶配置厂；9 月 4 日勐库镇政府发文同意戎加升在勐库政府所在地办厂，归口镇企业办公室管理，自为法人，租用土地，自主经营；这一年，付兆安加入勐库茶叶配置厂。

---

[30] 临沧地区地方志编纂委员会. 临沧地区志[illegible] [M]. 北京燕山出版社，2004：120.

1993 年 3 月，戎加升在勐库办的茶叶配置厂投产，成为双江县第一个民办精制茶叶企业。

1994 年 5 月，双江县茶厂注册“勐库”牌商标（1999 年转云南双江勐库茶叶有限责任公司使用）。

1996 年，卢耀深因广州芳村茶叶市场业务到临沧招商，当时茶企还比较少，且多为国有企业。这一年的6月，明龙茶厂成立，即勐傣茶厂的前身。

1998 年下半年勐库茶区毛茶不超过 6 元一公斤，张华将原料拉到精制厂加工、做成成品，再运输到东北地区的齐齐哈尔、通辽、哈尔滨、吉林、乌兰浩特、白城等地出售，当时最好的茶叶——特级茶能卖到 16 元一公斤，他说这种级别的茶，凤庆能卖到 32 元一公斤。

1999 年，戎加升收购了竞价拍卖的国有企业“双江县茶厂”，成立云南双江勐库茶叶有限责任公司，即勐库戎氏。

陈武荣，应该是我为本书创作所采访到的最早做冰岛茶的人，他自己也说“算是第一批做冰岛茶的人了”。而之所以能找到他，还是彭枝华帮忙介绍。我第一次到勐库镇、还未上山（冰岛），就问彭枝华：“能不能找到较早接触冰岛茶的人，越早的越好？”彭枝华停顿了两三秒，说：“陈武荣！我过去跟他买过茶，知道他很早之前就去冰岛收茶，他经历过、见证过，所以可信度较高。”

【杨春／摄】
陈武荣，较早接触冰岛茶的茶商，熟悉二十年前的冰岛茶发展情况。

1999年，我还在上中学，陈武荣却已到冰岛收茶。陈武荣说："当年去冰岛做茶之前，镇上要求合并（私人做茶合并到国企），我自己不愿意，因为不划算，就决定去冰岛做茶，自己做事情赚的钱能更多一点，这样就好讨生活。"

陈武荣说："那个时候冰岛老寨的古树茶产量在一吨左右，价格也非常低，干毛茶在2.5元一单斤（市斤），但当时收购的冰岛原料是用来做红茶。当时冰岛的春茶不划算采摘，当地人都不愿意去采，他们更愿意采山腰上的茶。我自己还特意请了一台手扶拖拉机将冰岛的鲜叶拉到勐傣茶厂，卖给他们的鲜叶才一块钱一公斤，我的收购价是8毛钱，一公斤能赚2毛钱，这2毛钱包括我自己的利润、请工费以及我自己的人工成本。"之所以记得这么清楚，还有一个原因，陈武荣的媳妇在12岁的时候就上去过冰岛，因为她的嫂子是冰岛人。

陈武荣所说的这一点，在勐傣茶厂得到了印证——基本吻合，因为时间久远，价格信息有细微的出入。董明龙说：“1999 年勐库坝区的茶商去冰岛老寨收购原料，再送到厂里来。当时很多做茶叶初制的茶商所做之茶很难卖，几乎卖不出去，就问董明龙要不要，而自己也没有概念、不知道茶叶好不好，只是尝试着去做冰岛茶。茶商从茶农手里收购的鲜叶是五六毛一单斤，再送到厂里，是八毛，他们一斤能赚两毛钱。当时山头茶与坝区茶差不多，甚至坝区茶还要比山头茶贵一点，因为好看。当时不存在古树茶的概念、也没有山头茶的概念，也不单独做山头茶，山头茶是和其他产区的茶拼配在一起，最后做成红茶；红茶与绿茶是同时代的，但勐傣没有做过冰岛原料的绿茶。”他说，“做红茶的时代，如果今年的红茶卖不完，到最后就丢了——红茶过了一年就不值钱了，跟普洱茶不一样。”也是在这一年，他去过一次冰岛，请了一辆手扶拖拉机上去，还请冰岛的茶农将收购的茶叶送下来。

董明龙说 2000 年之前，勐库的茶农把做红茶不要的茶叶，即做红茶不达标的茶叶拿去做晒青茶，最后做成普洱茶，茶叶就在屋子顶上，结果就是茶叶有烟熏味，品质不太好。

2000 年，林水礼开始代理勐库戎氏在广州的销售，每年都会去一次冰岛。

2001 年，冰岛村开始有人跟着陈武荣做茶。陈武荣在冰岛村做了一个初制所，非常简陋，随

意搭了一个棚子就做茶了，没有当下的标准，不过，这才符合历史，不然就是造假了。他用冰岛原料做了一批红茶，卖给了一位湖南的老板，叫张伟兰（音译，详细的名字已经记不清了）；当时张伟兰在现在的津乔茶厂收购茶叶。不知道那批冰岛原料做的红茶，现在还有没有一点遗漏的茶渣。这一年，张华承包了当地的茶试站；付兆安从勐库戎氏辞职，自己出来做茶，当时坝区茶和山头茶价格相差不多，最多2元一公斤鲜叶。

2002年昆交会，勐库戎氏的普洱茶呈现出正宗产地大叶种茶的独特口感，从此勐库戎氏普洱茶一炮打响；董明龙说这一年普洱茶在勐库开始起来，开始做初制，开始杀青，开始有普洱茶的量产。

【杨春／摄】

董明龙，与其妻张光兰一起创办了勐傣茶厂。

【杨春／摄】

两头尖、中间椭圆形是勐库茶种的基本特征，这是当地人总结的，很好辨认。

2003年，董太阳第一次到冰岛，吃不到米饭，条件差的茶农吃的是麦面。

2004年，张华说这一年以前，勐库茶区最好的茶叶在茶农的手里不超过6元一公斤；11月30日，刘明华第一次到访冰岛，收购了一些干毛茶。

这一年，张华遇到企业改制的机遇，将茶试站收购，创建丰华茶厂；李国建第一次到访冰岛；勐库戎氏在冰岛村开工建设初制所，于2005年投产，这是冰岛最早的标准初制所。

2004—2005年，冰岛茶叶就没有再送到勐托销售，因为外面有人来村里收茶了。

2005年以前，俸健平给勐库戎氏提供原料。

2005年，双江县供销社茶厂改制，杨加龙整体收购后更名为双江县双龙茶厂。

2005年1月，明龙茶厂在原基础上改建为勐傣茶厂，并于6月竣工投产。这一年，张凯第一次跟随父亲（张华）到访冰岛，并做了丰华茶厂（即后来的拉佤布傣品牌）的第一批冰岛茶原料；勐库戎氏的第一款冰岛茶（母树茶）上市，其卓越品质再一次引起业内轰动，助推临沧茶产业进一步发展。

2005年4月，临沧举办第一届茶文化节，卢耀深到访勐库戎氏，后来想去大雪山，还为此特

【杨春/摄】
董太阳，勐库新生代茶人。

意买了登山鞋，结果第二天下雨，没去成。他说当时的冰岛茶不贵，自己去勐库戎氏拿了很多茶赠送给参会的嘉宾，一个人送一筒，甚至是两筒，所送之茶是当时最好的茶——母树茶。当时临沧的刘市长组织了20多家临沧茶企到广州芳村中心馆举行产品发布会，并赠送嘉宾每人一块冰岛砖茶，卢耀深说“1公斤重，厚厚的”，一边说一边比划冰岛砖茶的大小，很开心。

也是这一年，陈武荣卖了2吨多的冰岛五寨的干毛茶，5块钱一公斤。这是他自己最后一次做冰岛茶。他说当时没有意识收藏冰岛茶，也有经济上的原因，所以这也是现在喝不到冰岛老茶的原因之一。从冰岛回到家后，陈武荣开始做自己村寨周边的乔木茶，一直持续到2018年。

2006年1月1日，“农业税”取消，张华说这一年农副产品价格全部放开，勐库茶区好的干毛茶价格上涨到14元一公斤，冰岛茶开始涨价。

2006年，俸健平成立冰岛金木茶坊，即俸字号的前身。这一年，冰岛鲜叶八九块一单斤；冰岛集体茶地2000块钱都没人要，没人敢租，如果有人租，冰岛茶农会觉得是不是疯了。也是这一年，马林进入普洱茶行业，每天除了跟师傅喝普洱茶外，就是泡论坛，搜集普洱茶相关的资料；于翔第一次到访冰岛。

2006—2007年，董明龙说：“当时去上面收茶，需要走路上去，因为路太烂了，一般的车辆没办法开上去。当时有客户要跟着上去，最后也是从南迫那边绕着过去的；下来的时候需要倒着走，因为坡度较大，而收购的茶叶也是请当地人挑下来。那个时候，冰岛村里有一两辆拖拉机。”

2006—2007年，杨加龙的双龙古茶厂做了一批不错的冰岛茶。刘华云说：“在2012年之前，双龙古茶厂投资双江冰岛古茶城，但投资效益不佳，不然双龙古茶厂当时是仅次于勐库戎氏的第二大茶厂，前景可期。”

2007年，冰岛鲜叶24—25元一单斤。张华认为刚开始是价格很低，然

后一路上涨，到6月中旬是120元一公斤；字光兰认为当时的价格是80元一市斤干毛茶。到下半年，普洱茶行业崩盘。董明龙说："当时勐库的很多茶商都翻不了身，品质好的干毛茶收购价从160元一公斤暴跌到30元一公斤，还有一些茶叶收购成本在40元一公斤，后来直接降到3—4元，并且都没有人要；实力不允许的（茶企、茶商）就倒在这个关卡上，勐库做败（彻底失败）了的人还是有一些，最终没能翻身。"张华认为当时价格跌到15—16元一公斤，并且还是品质好的茶叶。有人说当时勐库茶的高价行情持续了3个月时间，富了一批人，也倒下了一批人；小搞小闹的富了，而大货茶商很多都是贷款，就一蹶不振，还有极端情况的，即茶叶仓库遭遇火灾，彻底失败。

2007年上半年，般生在云南某系统朋友的带领下第一次到访冰岛；下半年，山朝永第一次去冰岛，因为当时整个行业都是产品多、卖不动，所以他说自己去冰岛是走马观花，纯粹是去看看，去玩；10月12日，津乔茶业成立。

【素心 / 摄】

高明磊这些年一直坚守冰岛产区、

2007 年，董明龙说这一年后勐库开始有古树茶的概念，之前是叫老树茶，再之前是大树茶，称呼一直在变，但树还是那棵树。兰琦说，2007—2012 年版纳兴起了淘宝网卖茶的风潮，比较流行，参与的商家比较多，以拍卖为主、一元起拍，老班章、冰岛的名字曝光率比较高，但有的商家能拍得起价格，有的商家也拍不起来，现在（2019 年）也一样。陈武荣说 2007 年之前，没有人有意识去租茶树。这一年，于翔一次性付款对冰岛老寨全寨 2/3 的古茶树进行签约开发，共 8336 棵；这一年，丰华茶厂第一饼冰岛茶上市。

2008 年，董明龙说冰岛鲜叶价格降到 12—15 元一单斤，申健说冰岛春茶（干毛茶）在 100 多一点一公斤、秋茶在 40—50 元一公斤。张华因为单独收了两三公斤，挑最老的几棵茶树、最好的鲜叶收购，茶叶标准为一芽一叶，且苛刻到鲜叶叶子要 6—7 厘米、芽头要肥壮，所以鲜叶收购价位 18 元一单斤；这属于象征性的收购，并不具备代表性，且茶农也觉得不划算，但这个价格还是马上传播出去，让张华大吃一惊。张华说那几斤是随意性收购的，纯属开玩笑，就图个好玩。

2008年，董明龙说这一年当地政府组织茶企去省外展销，整个临沧市当时有40家左右的茶企参加，到了广东省东莞市阳光海岸茶叶市场，最后150元左右一公斤的茶叶以35元左右的低价抛了一部分，得以回笼部分资金，把钱收回来发给茶农过年；过了2008年，到2009年，行情好转。这一年，古韵流香进入冰岛，其第一款冰岛茶（古树纯料）上市；勐库戎氏组织百名茶农“走销区”，为行业危机造成的普洱茶错误认知正本清源。

2009年3月，刘华云第一次到访冰岛，是与霸茶的刘明华、廖波夫妇一起上山，当时在修弹石路。这一年，韩国人再次进入冰岛，原料价格相比2008年大涨；董明龙说鲜叶到100多元一单斤；申健说干毛茶到300元一公斤，算下来到70—80元一公斤的鲜叶；杨绍巍第一次到冰岛。

张凯认为这一年开始分乔木、灌木、老树与古树；在公弄产区，矮化过以及修路被卖掉、但后来发芽的茶树被定为灌木；够得着采摘鲜叶的是灌木，够不着采摘鲜叶的是乔木。也是这一年的下半年，张凯到广州长期驻扎，为丰华茶厂的销售服务，主要方向为毛料的销售与产品的定制，因当时芳村市场喜欢通版（没有商标），那个时候勐库厂商更多的是以生产为主，属于市场导向。

【刘华云／供图】

2011年，刘华云在冰岛收购原料。

也是这一年，勐库戎氏开始举办“全国茶友茶乡行”活动，把消费者“请进来”，完成茶园到茶杯零距离的真实体验，引领行业潮流；董娇应邀参加，并到访冰岛；嵩顶在冰岛成立茶叶初制所；云章茶厂（当时为初制所）第一次到冰岛并收购茶叶，当时冰岛老寨茶园里还套种着小麦、苦荞，也是从这一年开始，云章一直坚持做冰岛茶。

2010 年，云南大旱，冰岛产区也不例外。董明龙认为茶叶因干旱导致水分减少，做出来的茶更干、更香。当时还有人说 2010 年的干旱是百年不遇，但十年之后的 2020 年再逢大旱。

这一年，因干旱带来茶叶减产，加上丁加价收购原料，原料价格再次大涨。张华说刚开始时鲜叶是 50 元一单斤。申健说丁一到冰岛村，就把鲜叶收购价格提高到 150—200 元一公斤，干毛茶就到 500—600 元，一下子就是过去的两倍，最后涨到 800 元。下半年，冰岛茶迎来了一次全新的改变——冰岛茶地（茶树资源）开始出租，多数被外面的茶商承包，包括于翔、古韵流香、和茶居等。董明龙说外面的品牌把大的茶树承包了，承包期限一般是 3 年或 5 年。也是这一年，云章茶厂到冰岛地界收购原料，遇到一批品质较好的干毛茶——芽头看着比较好、口感也不错，茶农要价 70 元一公斤，最后以 50 元成交，茶农是用编织袋装着出售。

2010 年 4 月，马林第一次到冰岛，参加勐库戎氏的“全国茶山行”。他说：“我们租了一辆五菱之光面包车上去，和勐库戎氏上海的一个经销商、广州芳村的一对茶商（夫妻）上去，双江的国道正在修路，路难走、比较颠簸，去一趟冰岛，满身都是灰尘，头发都变灰了。当时上面只有一个初制所，在他那里喝了一口茶。当时最贵的干毛茶是 720 元一公斤，可以随意挑，是最顶级的鲜叶，是当地的人上去买的，普通的干毛茶在 300—500 元之间。当时还可以随意爬茶王树。我们自己走访了几家茶农，用大杯子泡茶，喝了一下觉得不错，就收了一点干毛茶，四个人总共买了 5 公斤干毛茶，450 元一公斤；下山后，回到勐库戎氏厂里，让厂里的师傅帮我们每个人搓了一个人头瓜，500 克一个，并且请戎加升签名，作为纪念。”

2010 年 10 月，詹英佩著作《茶祖居住的地方——云南双江》出版，对冰岛茶有一定篇幅的介绍，让外界更好地认知了冰岛茶。这一年，兰琦到访冰岛，收购冰岛茶；陈财第一次到访冰岛，云章茶厂开始帮客户找古树茶，并受到直接的震动，由此开始确立自己的古树茶产品体系。

这一年，世昌兴进入冰岛；云章茶厂为客户小批量定制冰岛茶；津乔第一款冰岛茶（秘境幽香）上市，带有浓郁的玫瑰花香，是津乔目前最贵的一款茶。

2011 年，申健说冰岛茶价格突飞猛进，远远

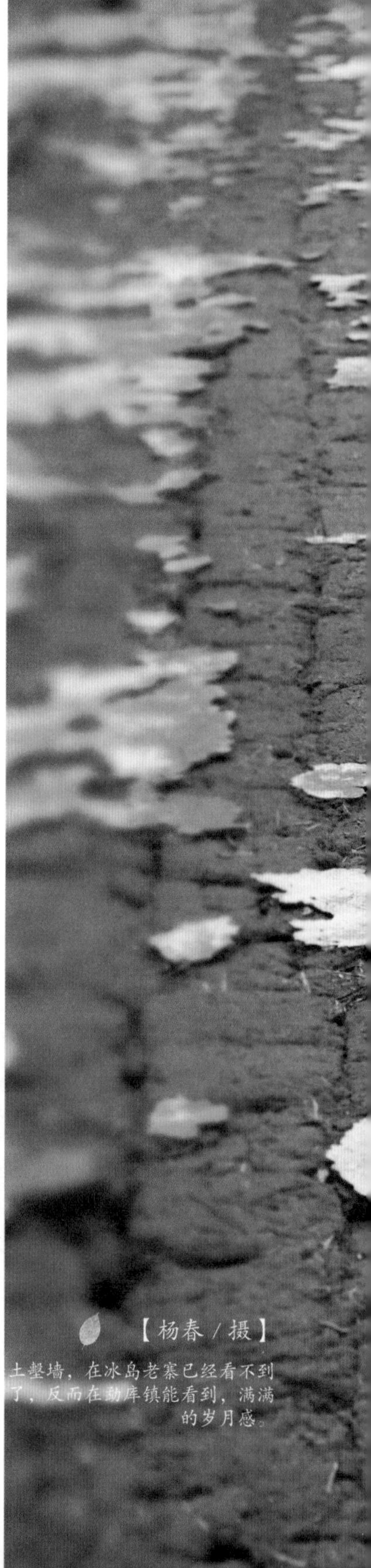
【杨春／摄】
土墼墙，在冰岛老寨已经看不到了，反而在勐库镇能看到，满满的岁月感。

超过 2010 年的价格；张华说是 800—900 元一公斤干毛茶；刘华云说是 800—1800 元。

这一年，于翔成立“昆明钧翔号茶业有限公司”，任董事长，并于当年被破格选入云南普洱茶协会任副会长；兰琦到冰岛村收购原料。张凯认为这一年已经分古树、老树，但当时的源头与初制所对此还不明显。也是这一年，纯料与古树有了概念；彭枝华、廖福芳在帮着云章茶厂第二代茶人做茶的时候，在初制环节注意将古树、乔木等区分开来进行加工。这一年，云南茗片正式进入冰岛，承包了一些古茶树（到 2020 年年底到期），并请了张艳（张晓兵的妹妹）到昆明帮助云南茗片销售茶叶。当时与云南茗片合作的茶农，一直合作到现在，中途没有出现中断。也是这一年，云章茶厂为客户小批量定制冰岛茶；云南茗片的第一款冰岛春茶（冰岛铂金）、第一款冰岛秋茶（御品）上市；石迎春第一次到访冰岛，天怡茶业的第一款冰岛茶上市。

2012 年，申健说冰岛茶价格再上一个台阶，鲜叶卖到了 800 元一单斤；张华说是 2000 多元一公斤干毛茶；刘华云说是 3600 元；董太阳说冰岛古树茶（干毛茶）价格涨幅太快，勐库当地的很多茶人去到冰岛，不敢收，价格跟过去相比太高了。这一年，澜沧古茶第一款冰岛茶上市；兰琦到冰岛村收购原料；世昌兴正式签约冰岛、承包茶树，是当时承包冰岛茶树周期最长的茶商（2012—2021 年年底）。

2012年，张凯认为这一年古树与老树分开的界限比较明显。这一年，彭枝华在勐库当地亲戚的帮助下，注册了“云章”商标，因之前一直是卖毛茶，没有看到希望，所以决定走品牌之路，云章品牌所出的第一款产品为古树春饼（东半山藤条老树茶）、第一款冰岛茶为200克的小饼；勐库茂伦达生态茶叶初制所（即冰岛印象茶厂的前身）成立；这一年的7月，于翔带着“钧翔号”冰岛老寨古树茶参加云南茶企向神九航天献礼。罗静感慨冰岛村的变化太大。

2012年或2013年，张兵第一次去冰岛，当时是双江县人大叶主任带着上去，到了俸字号喝茶，认为冰岛还是值得去的，有特点。兰琦认为冰岛茶真正出名是2012年，价格也真正起来。

张凯说：“在2012—2013年之前，勐库当地的茶企做生产、加工的比较多，品牌意识薄弱，生意最好做的是2012—2013年；也是在这一波行情中，勐库好几家茶企都趁着这个风口起来了。”

2013年，冰岛茶原料（干毛茶）破8000元一公斤，刘华云说是8000—

【罗静/摄】

彭枝华是勐库茶人的一个缩影，需要付出更多才能有收获。

22000 元，申健当时预计 2014 年的价格涨幅在 50%。

2013—2014 年，张凯说勐库的名山茶已经比较流行了。

2014 年，张华说冰岛古树干毛茶一公斤的价格在 8000 元以上，刘华云说价格在 10000—20000 元；当时的小树茶价格在几百元。董太阳认为冰岛茶的价格是从这一年起来的。也是这一年，勐库以及冰岛的单株比较流行，从冰岛老寨到山脚下新铺了弹石路，龙润第一款冰岛茶上市，俸字号古茶有限公司成立，云章茶厂继续深耕冰岛茶。

2015 年，张华说冰岛古树干毛茶的价格在 8000—10000 多元一公斤，刘华云说在 12000—26000 元。也是这一年，云章茶厂做了 50 公斤左右的冰岛茶成品，并开始存储冰岛的散茶原料。

2016 年，张华说冰岛古树茶的鲜叶在 2800—3000 元一单斤，极少数的卖到了 8000 元一单斤，小树茶鲜叶在 600 元一公斤；刘华云说古树干毛茶在 13000—30000 元一公斤。

这一年，卢耀深再访冰岛，朋友开车送上去；拉佤布傣策划了“寻找真正的冰岛味”活动方案；霸茶在冰岛村兴建了初制所，第一次承包茶树，之前都是随行就市合作包采；云章茶厂做了100公斤左右的红丝带冰岛茶，并坚持存储散茶；胡继男从东北来到云南，因大学同学是云南人，加之自己对云南普洱茶比较好奇，就跟随同学来云南感受普洱茶的氛围，顺便学习，因其同学懂茶，每天带着他去逛昆明的茶城，所以他也跟着同学试了很多茶，刚好是4月，山上的春茶下来，胡继男第一次喝到了真正的冰岛茶；乙到冰岛，花了6天时间跑遍了西半山、东半山，看名山名寨，看茶叶的特性，看茶树的生长环境与茶叶的加工环境。

2017年，张华说

【高明磊/摄】

莫诗云这些年一直关注冰岛产区，每年都会花时间到冰岛老寨了解相关信息。

古树春茶一般的在2400—2800元一市斤鲜叶，品质好的茶叶也有人卖到了2.8万一公斤（干毛茶），便宜的在2800元一公斤（干毛茶）；秋茶，最高的是1.2万多元一公斤（干毛茶），一般情况下春茶在3万，秋茶则会在1万。

这一年，拉佤布傣策划的“寻找真正的冰岛味”活动正式启动，与中国普洱茶网合作，全程直播冰岛茶的采摘、制作等环节，于此直观地告诉外界，冰岛产区（包括五个寨子）每个寨子的茶叶特点是什么、生态环境是什么、茶树长什么样，这对冰岛茶的传播产生了积极的影响。也是这一年，茶农已将单株、古树、老树的原料分开摆放，让客户自己挑选，张凯在地界、坝歪都遇到过。

2017年7月，周重林、杨绍巍等著的新书《茶叶边疆：勐库寻茶记》出版，对冰岛茶有一定篇幅的介绍。

2017年8月，《茶叶边疆：勐库寻茶记》新书发布会在勐库举行，对勐库茶、冰岛茶的知名度有较大的提升。莫诗云也是因参加新书发布会第一次到勐库，本计划去冰岛村参观，但遇下雨，不方便安排上山，便取消计划；后在朋友的帮助下上山参观，也遇下雨，行程较为颠簸，遭遇山体滑坡；与莫诗云同行的还有两位上海的朋友、两位广东的朋友，上山过程虽然辛苦，但是他们皆期待，更兴奋。也是在8月，袁正、闵庆文、李莉娜主编的《云南双江勐库古茶园与茶文化系统》一书出版，对冰岛有一定篇幅的介绍。

2017年下半年，张凯说双江的很多家茶企参加深圳茶博会，在企业出路困惑的时候，大家都在寻找方向，而冰岛就是一个比较好的选择，因为冰岛自带流量。这一年，拉佤布傣直播冰岛，让外界直观地看到冰岛茶园，坚持了三年，一直到2019年；这一年，云章茶厂做了150公斤左右的冰岛饼茶，并坚持存储散茶。

2018年，张华说古树茶的鲜叶在3000元一单斤，也有人花8000多元

【李兴泽／摄】
罗静，虽然多数时间在昆明，但春茶季还是会到冰岛产区。

买了一单斤鲜叶；他说这个过程可能是双方没有讲好，本来是公斤，收款的时候变成了市斤；当年的秋茶，中小树干毛茶是 1000 多元一公斤。

张凯认为从这一年开始，冰岛五寨中，除了冰岛老寨外，地界、南迫成长得最快，市场认知度也最高。这一年，卢耀深自己开车带着茶商朋友去冰岛看茶叶；兰琦再访冰岛村，帮朋友买了一点冰岛茶；云章茶厂做了 180 公斤的冰岛茶，规格为 200 克的小饼，并坚持存储散茶。

2019 年，云南再逢大旱，冰岛茶叶减产、茶质较好。张华说冰岛春茶鲜叶在 600—6000 元一公斤，但也有人卖到 8000 元、甚至 1 万以上，需要 4.5—4.6 公斤鲜叶能做一公斤干毛茶；秋茶，广场附近的那一片古树茶鲜叶是 1000 元左右一单斤，古树秋茶的价格还是要 6000 元左右一公斤干毛茶，其他地方的中小树干毛茶是 1500 元左右一公斤。陈武荣说广场一带的古树秋茶在 6000 左右一公斤，其他地方的古树茶在 4000 元左右一公斤。

【罗静/摄】

只有真正喜欢茶叶，才可能适应茶山的艰苦，也才会在茶山找到乐趣。

这一年，陈武荣重新开始做冰岛茶，他自己做了100公斤冰岛干毛茶；云章茶厂集结了前几年积攒的冰岛茶原料，加之当年收购的原料，总共做了1吨左右的冰岛茶，为历年之最。

2019年5月16日，中国茶叶博物馆收藏古韵流香2008年冰岛纯料古树茶。10月31日，冰岛老寨大坝子田举行勐库冰岛茶小镇项目开工典礼；11月13日，“茶是心故乡——世界茶源地茶旅融合发展探秘行暨勐库戎氏创牌20年时光盛典”在双江县拉开序幕，双江自治县人民政府授予云南双江勐库茶叶有限责任公司董事长戎加升“勐库大叶种茶复兴者”的荣誉称号；12月20日，乙刚从冰岛回到勐海，乙和他的朋友一行四人驱车往返，冰岛之行花了7天时间，并收购了一些冰岛原料。

2020年1月17日，霸茶继续签约冰岛老寨古茶树，16棵茶树、期限为3年，共计90万；1月27日，受新冠肺炎影响，冰岛老寨封路。

2020年3月5日，勐库大叶种茶复兴功勋人物戎加升先生去世，生前曾说："衣服不合身可以换，茶是喝进肚子里的，是拿不出来的，我们做茶人要有良心。"有人评价说：所有与勐库茶有关的人都直接或间接享了他的福！

2020年3月28日，拉佤布傣启动"寻找真正的冰岛味"第4季直播活动。

2020年3月29日，彭枝华说冰岛老寨小树茶2000元一公斤、中树8000元一公斤、大树16000元一公斤、古树3.6万—4万元一公斤，均为干毛茶价格，但仅作参考，实际交易价格还是有波动。

每一位冰岛村的茶农，每一位参与者、投资人，每一位消费者、品鉴者，每一位考察者、传播者以及每一位策划者、管理者、开拓者、传承者，皆为冰岛茶发展的见证者，亦是贡献者，因曾经的付出或正在付出，才有冰岛茶今天的荣光，皆值得尊重！

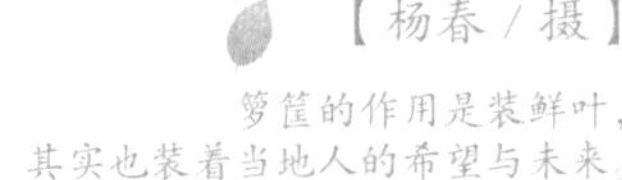

【杨春／摄】

箩筐的作用是装鲜叶，
其实也装着当地人的希望与未来。

品鉴冰岛

TASTING ICELAND

【云章 2018 年冰岛纯古树普洱生茶】

【云章 2019 年冰岛古树普洱生茶】

【勐傣 2006 年冰岛老树春尖普洱生茶】

冰島古樹

普洱茶（熟茶）净含量：357克

若是心有灵犀，
即便时光不语，
也会在感知里无穷回味。

勐傣普洱 点滴香醇

云南双江勐库勐傣茶厂
Shuangjiang Mengkumengdai Tea Factory of Yunnan

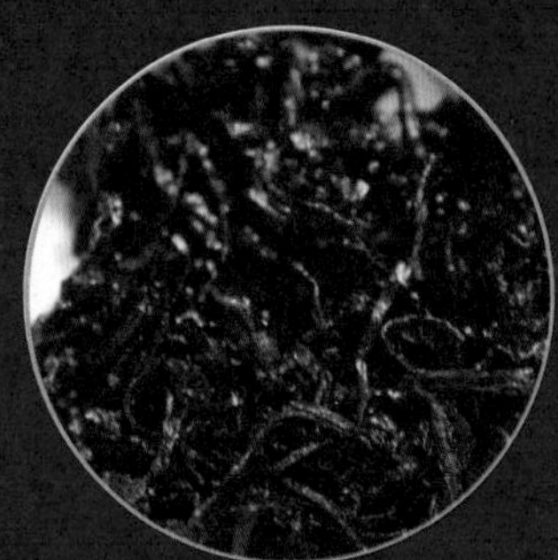

〔勐傣 2015 年冰岛古树普洱熟茶〕

【拉佤布傣 2015 年冰岛古树普洱生茶】

霸茶 2020 年
冰岛老寨古树春茶

云南茗片经典系列
冰岛铂金古树茶

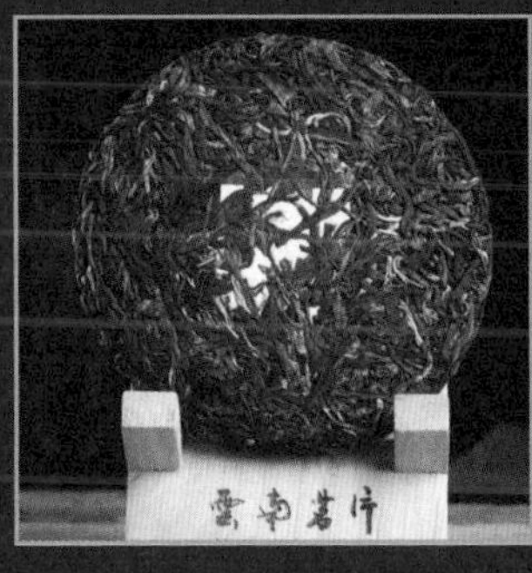

世昌兴
冰岛壹号普洱熟茶

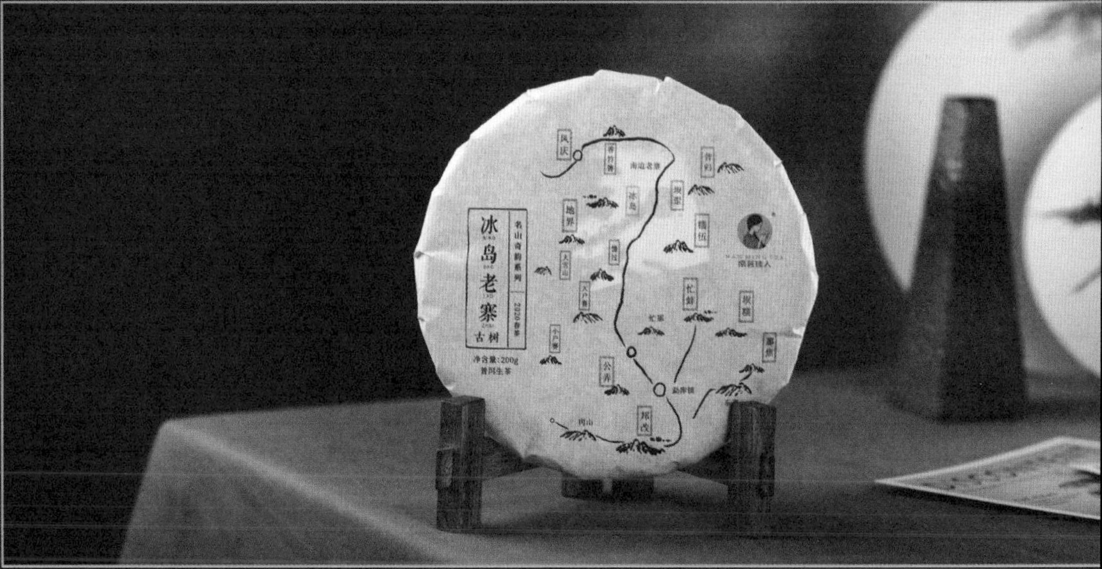

南茗佳人

2020 年冰岛老寨

古树春茶

后记

我们都没有结束
把遗憾留给时间

【段越/摄】

很喜欢这张照片，什么时候，
我也能跟随悠悠云彩泛舟湖上呢？

Why write a book

【为什么要写一本书？】

本书的设计为赵黎波主导，十年前，我写德宏的系列图书，即是他负责设计，我私下开玩笑说他是我的御用设计师。2019 年春天我们聚会，赵黎波说："那么多人都写书了，我翻看了一些你们行业的，感觉也不是太出色，你在这个行业，为什么还不自己写一本？要等到退休后才写吗？"客观地说，我还是因此受到一些刺激的，后来我们之间还有一个对赌协议，即 2019 年年底我能把书稿给他，他就帮我设计，如果不能，建议我改行。当然，我终究没有按时交稿，但他看到我经常在茶山出差，也知道我在为此努力，所以也没有"认真"，还是履行了我们的"协议"，尽管只是嘴上说的"协议"。

【包琪凡 / 摄】

整个冰岛考察期间，我没有拍一张个人照片，很多时候都是一个人工作，加上性格腼腆，我也不会跟谁开口帮忙。这张照片还是同事包琪凡在倚邦老街帮我拍的，很喜欢旁边的石狮，在岁月里静默。走累了，就坐下来休息，不管是茶山，还是城市。

当然，写《寻味冰岛：名山古树茶的味与源》这本书，也不是为了写书而写书，自己从 2005 年毕业，从兰州回到昆明，第一份工作即是杂志，这十五年来，都是在杂志与图书之间交替；最近

这两年，因之前在公司从事茶文化的图书创作，对图书创作的热爱日甚一日，也给自己找到了人生努力的方向。但在这本书之前，我自己还没有一本独立完成的图书，这给我日常的采访工作带来诸多的麻烦，甚至是非常被动，需要不停地解释：“我是谁”“我从哪里来”“我要做什么”……这有些尴尬，也有些痛苦，如何解决？独立写一本书是最好的介绍，至少以后可以在采访时能够降低沟通的时间成本、尽量省去这诸多不必要的麻烦。

我相信很多同行的朋友都能懂其中的无奈与痛苦，而写《寻味冰岛：名山古树茶的味与源》一书并不是为了要证明自己有多厉害，事实上，我很普通，能力稍显普通，长相更是普通；我只是无名之辈，没有盛名之累与压力，只想为以后的工作带来一些便捷，也能更加高效——虽然相谈甚欢的概率比较低，但少些猜疑、尴尬总是好的。而

拿作品说话，才是硬道理，其他的都过于苍白、无力，解释太多或许也有用，但那个时候，其实我已经累了，不再有太强的兴趣，如果后面还会继续接着采访，相信我，那一定是平淡的、枯燥的，甚至是礼节式的应付，我称之为“缺乏缘分”，不管是冰岛这本书，还是之前参与版纳、广州的诸多图书稿件中，最出彩的内容一定是在信任的基础上获得采访素材，然后我再进行创作；这是一个很享受的过程，不管有多辛苦，我都愿意付出，优先考虑的并不是获得读者、老板的认可，而是不辜负被采访人，唯有将素材利用好，才是对他们最大的尊重，才没有浪费他们接受采访的时间。

我希望，自己在采访、创作、出版等一系列的环节中增进与对方的了解，我尊重每个人的性格与风格，但我想尊重也应该是相互的；“众生平等”更多的是体现在口号与梦想中，与现实还有一段距离或者说不全面，可是，只要是认真对待工作、对待生活的人都应值得尊重，不应存在尊卑，相对愉快、轻松地聊个天应该还是有可能的、有一定空间的。同时，采访与交流也需要信任，这个时代，信任是一种奢侈品，很多人都渴望拥有，而轻易地信任，又往往会带来伤害，所以我理解我遇到的很多人的行为，可还是希望沟通的成本能低一些、再低一些。我自己也恪守一些规矩，比如采访时不录音，接触中不介入别人的生活、不评价别人的私德，并最大限度地回避别人的商业秘密……

说到就要做到，不能破例，如此，才能尽可能保证采访的顺利与便捷，尽管这是我个人给自己定的规矩，但依然是需要遵守的规矩，具有强大的执行力，无需别人的考验。我倾其所有，只因这几年我爱上了图书创作。做茶之人，总得有哪怕一款自己制作的产品，这适用于很多行业的真正做事的人，我也一样，这显得迫切了些，但已无路可退，这是我能作出的唯一的选择，因为，我已坚定地投入到这一行业：此书只是开始，而不是结束。

Why write Iceland

【为什么要写冰岛?】

临沧?普洱?保山?我需要作出选择,择其一作为我的开始。普洱只去过两次,一次是去墨江游玩,另一次去是普洱市博物馆,为云南大学茶马古道文化研究所举办的茶马古道文物展作服务工作,对于普洱市的茶叶比较陌生,也没有熟悉的朋友,所以只能选择放弃。而保山,我从未去过,如果要进行图书创作,则属于要什么缺什么,也只能选择放弃。

【杨春/摄】

写冰岛,或许是缘分吧,误打误撞

我最终选择了临沧,因之前在茶马古道文化研究所工作时,多次到临沧出差,也是为了图书创作;那时候,我选择了沧源,选择了民族文化与旅游文化的角度,而最终图书未能出版,也比较遗憾。在多次对临沧的接触中,我还是喜欢上了这个地方,这或许是个人的情感因素。

从2015年开始，我转向茶文化行业，因工作需要，对临沧产区，尤其是勐库产区相对熟悉一些；虽然没有亲临，但至少有一个概念——勐库产区有哪些出名的小微产区，这对我来说，还是极为重要的，不能否认的是，信心也是极大的生产力。写冰岛，就需要实地调查，需要采访大量的知情人、亲历者，就需要有熟悉当地情况的向导、必要的后勤支援。刚好，水到渠成，慢慢都成熟了，降低了我创作的难度。

最初决定选择冰岛时，只是觉得冰岛有一定知名度，并没有反应过来它是整个临沧产区最出名的古茶山，更没有意识到它是自带流量的大IP。直到在后期的采访当中，我才反应过来，也庆幸自己选对了地方——有足够多的话题，有足够多的人物，也有足够大的知名度，当然，也就不缺素材了，这为创作带来了极大的便利性。

刚好，冰岛产区还没有人专门写过，有一种新鲜感，是挑战，也是机遇。

而写冰岛，写小微产区，时间跨度相对要短、空间跨度相对要小，能避免交通上的大迂回，节约了宝贵的时间；如果写临沧大产区，哪怕缩小到双江产区，都需要到很多地方调查，需要花很多时间，鉴于主观与客观的实际情况，我最终选择冰岛。但这个“最终”，证明并不顺利，且非常不顺利，越是故事多的地方，是非就越多，如果能重新选择，我可能不敢、不会选择冰岛，体验了一把焦头烂额与无可奈何，这份滋味，无论谁家的冰岛古树纯料都不能安慰我……

This book was taken out of time

[这本书是抽空写出来的]

请不要误解，这样说不是我傲娇、狂妄，而是逼着自己写，因为开弓没有回头箭，既已开始，哪怕这个开始只是一个挥之不去的念头，我不可能选择中止，只能尽量调整时间、计划去一一落实，也确实是抽空完成的。

这本书是我个人的项目，而自己同时还在公司上班，需要在确保公司的图书项目顺利进行的前提下开展《寻味冰岛：名山古树茶的味与源》的实地调查、采访与创作。所以很多朋友在 2019 年 10 月份后会看到我经常在版纳、临沧与昆明之间跑，即两本书是同时进行的，我自己也在版纳、临沧各配备一套洗漱用品，这样就比较方便。而昆明反而是待的时间最短的地方，更像是一个客栈；更多的时候，我是在大山里采访，虽然辛苦，但我享受这个过程，只要愿意去付出，总有收获，

【杨春/摄】

如果重新选择，我应该不会选择冰岛，或许是能力确实不够吧。

不嫌少，点点滴滴终究能汇聚成小溪小河，小溪小河虽无大江大河的壮观，但也有美的一面，对不对?

而创作也是集中在疫情期间，从大年初一开始到2月底完成初稿。时间比较紧，当时是考虑到年后收假不能过度影响公司的图书项目，结果后来因为疫情，哪里都去不了。我本计划大年初三再去一次冰岛老寨，但彭枝华告诉我不要去，当地的风俗是串亲戚，我去了也找不到人；后来是想去也不能去了，看到冰岛老寨的朋友发信息说封寨，谢绝进入。

当然，版纳也去不了了，在云南，版纳属于重灾区；即便我身在昆明，结果连小区的门都出不了，最紧张、严格的时候是一家人两天只能一个人出去一次，方便采购生活物资。这让我的工作陷入被动，但我总不能等着疫情结束了再开工吧，要等到什么时候呢?没有人能告诉我一个确切的时间。我不会等的，于是就利用这一个月多的时间专注创作，这也是我唯一能挑战疫情的方式与选择——我总不能啥也不干，光见证历史吧。

疫情期间，一家人都在家里，尽量减少出门的次数，而孩子太小，所以我的创作基本上只能在孩子睡觉后才能进行，即晚上12点到凌晨6点，当一些朋友在微信朋友圈说“早安”时，我才刚刚关掉电脑；一直到后期，书稿完成得差不多时，又慢慢调整到凌晨四点、三点休息。但，后来发现，不管几点去休息，即使躺在床上，也睡不着，处于失眠状态，基本都要辗转一个小时左右才能睡着。

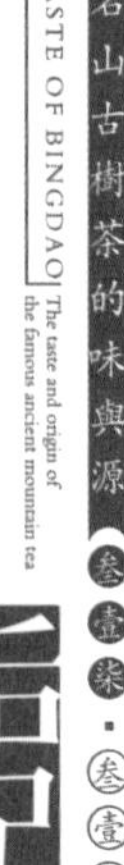

【王自荣/摄】

雨后的黄钟木，
温暖得可以融化生命的苦。

Temporary intention

【临时起意:这本书的创作模式】

最初决定要写冰岛这本书时，我并没有想好要怎么写，尽管之前写过版纳产区的茶文化图书，但冰岛对我来说是陌生的，且最初也没有什么素材，所以我一直担心：要怎么写？拿什么写？能不能写出来？能不能写好？到后来，随着素材的增加，随着与被采访人不断的碰撞，思路才慢慢清晰，也才决定以这种最直接、简单的方式来创作，即一篇文章解决一个问题或陈述一个事件，这样方便我表述，也方便读者阅读。

可最后发现，这个模式给我的创作带来了一定的困难，因为要将所有采访得到的素材全部碎片化处理，且有些采访的素材本来就是碎片化的——三言两语、零碎的几句，这真是一个头疼的事情；我也只能不断地将素材分类，不断地细化，感觉比创作更耗费时间、精力。

我将书中涉及人物放在本书的最前面，也是受到中国古代传统小说的启发，即读者能提前知晓书中人物的身份或背景——对号入座，方便正文的阅读，并能在正文中节约人物介绍的字数，避免反复出现导致的冗长。

这本书更多的是以采访为主，对于云南茶山的书写来说，这也算是一次尝试。在疫情期间，我能快速创作，也源于前期的准备工作，准确地说，就是前期的采访做得比较充足，才带来后期的高效。我的采访，不仅是临沧，还有昆明、版纳以及广州、珠海等地，而有些朋友，我甚至从未见过面；我的采访，不局限于茶农，还有品牌商、经销商、毛料商、茶人以及消费者……希望，这本书能丰富些，全面些，也能更真实些，能更客观地呈现不同角色眼中的冰岛。何况，任何一个地方、任何一个人都是多面的，绝不是单一的。所以从某种角度来说，这本书是他们帮我完成的，我只是一个旁听者、记录者，而非创作者，他们才是主角，我自己连配角都算不上。

水无常形、兵无常势，而书也无定式，我回避了常见的章节，一目了然；也回避了正常的序，出彩的序并不多，与其应付，不如直接省掉，这样更简洁——其实，这篇后记就是我想写的自序，只是太主观、个人情感因素太浓，总觉不适合作为序放于开篇，故放于最末之位置，算是总结，也尽量不影响读者的观感，如觉不悦，可跳过，不影响整本书的阅读。

【杨春 / 摄】

这是李诗白兄所作的《春山图》，传统的水墨之间透着春天的气息，散发着灵动，犹如生命的本真，清澈而行。

Beyond imagination

［想象之外：我感受到的勐库或者说临沧］

说到茶叶，勐库几乎可以代表临沧，从冰岛、勐库到双江、临沧，由点及面，所以这样说好像也没什么不对。而写这本书所遭遇的一些事情，我往往又会与版纳相比，这几乎是一种本能，想知道两地的区别与差距，想知道为什么。

在版纳的绝大多数小微产区，如果当地的茶农得知我们是要写当地的茶文化图书，会积极帮助我们完成采访，甚至会主动提供很多采访之外的便利，不管年长还是年轻的茶农都如此。相比之下，冰岛的茶农要保守很多，我自己感受比较明显的是“八零后”为一个分界点，往前的非常保守，往后的，即年轻一代茶农要开朗很多。

他们的保守表现为不善沟通、不善交流，我听到最多的答复是“不会说”。朋友提醒我说是真的不会说，而不是不愿意说，哪怕是对他们自己亲历过的往事也会几句话“高度概括”。这让我一度抓狂，因为有些宝贵的素材只有亲历者才知晓，而年轻一代茶农没有经历过，是不可能讲述的。

当然，这也可以从另外一个角度来理解为至少目前的冰岛茶农还不太会“讲故事”，多数还处于淳朴的阶段，这也是好事，不圆滑嘛。或许将来的某天，现在的淳朴会消逝得无影无踪，那个时候又特别怀念今天的不善表达了。我也曾遇到直接的拒绝，尽管我是通过中间人介绍才联系到对方，且两次到他家里，结果还是在电话里得到了一句“市场上说什么就是什么，你爱怎么写就怎么写”，让我五味杂陈，但后来也释然了，写冰岛的书是我的工作，不是对方的工作，他没有任何义务配合我，也不能去责怪他。

【王自荣/摄】

我个人很喜欢临沧，山水与美食、
茶叶与民俗，让我常常想起。

对于勐库的茶企，可能我才开始接触，所以还不知道真正的情况，部分茶企对于外来采访是非常谨慎的，我希望他们最好是主动出击、主动融入外界，而不是被动接受，以更积极的心态、更灵活的方式来推荐冰岛茶、勐库茶、临沧茶，因为与外界打交道、应对各路人马，将会是一种常态，也是企业的日常工作之一。

一直在思考，坐拥丰富茶树资源的临沧缺什么？想来想去，我觉得临沧缺一个告庄，版纳告庄的茶庄很多很密集，且各有风格，都成为告庄不可或缺的风景了，而逛告庄的茶庄的的确确是一种享受；面对来自天南海北的大量游客，茶企或许可以不用在意茶叶的销量，但无法忽略的是茶叶品牌的传播及其体验所带来的认知与好感，甚至会成为一段美好的记忆——这是一笔巨大的财富，是茶企单独组织茶会活动所无法比拟的。但告庄，显然不是速成的，而是源自市场与民间的推动，源自商业的力量，在较长的时间里所积淀出的口碑与品牌。

从临沧机场前往勐库的路上，我也看到了当地茶企的户外广告牌，但很少，少到屈指可数，与从景洪前往勐海的路上所看到的密集的茶企户外广告牌相比，其差距之大，还是让我很震撼的，也应引起临沧当地的思考。

regret

【遗憾，更是一种常态】

最初我是将这本书的书写范围定位为冰岛五寨，因为疫情，临时决定放弃南迫、地界、糯伍、坝歪这四个小产区，不得不说是遗憾。

而最大的遗憾，是我错过了充满传奇色彩的勐库戎氏掌舵人戎加升先生，且是永远错过。在春节之前，朋友帮我联系戎玉廷，戎总说除了采访家父外，其他要求都没有问题；那个时候，戎老身体已不适，我不能为了一己之私而不顾戎老身体的安危，所以特别理解戎总。不幸的是，在2020年3月5日，戎老去世。我多希望，戎老只是身体不适，哪怕一直无法完成采访，只要尚在这个他为之拼搏一生的世间，我也知足。

大约在七八年前，我在昆明康乐茶城勐库戎

氏的店里遇到戎老，只是当时我还没有进入茶文化这个行业，只是当时我非常怯生，没有敢主动跟戎老打招呼、聊天，如果我早一些进入这个行业，或许就能与戎老聊聊他的人生、他过去与勐库茶叶的经历，这是一笔多么宝贵的财富啊，但这注定永远成为遗憾，我记忆里所定格的，还是七八年前那位精神状态好、和蔼可亲的长者。

也是因为疫情，这本书遗漏了一些人。我的采访名单里，还有十多个名字都是陌生的，但得到的信息是他们很重要，他们或熟悉某个时期的冰岛茶叶发展情况，或知晓某个角度的题材，比如河南茶商之郜鸿亮，比如冰岛早期的初制所见证人。虽然我也知道这个世间没有十全十美，但还是觉得遗憾。

【罗静／摄】 

第一次去冰岛老寨的路上，在冰岛湖停留，现在想起，恍如一梦，时间很短，又很长。

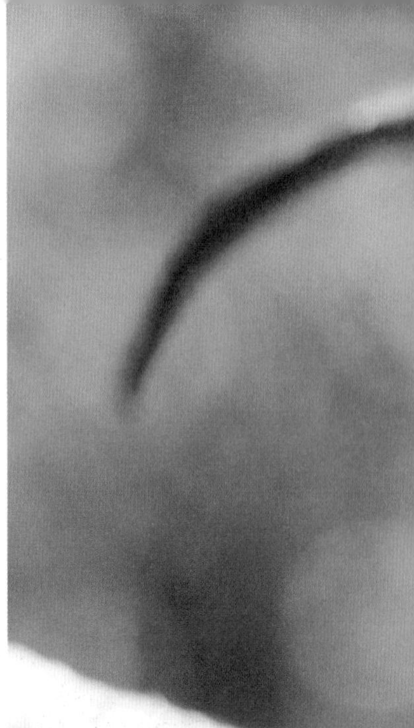

grateful

【感激，是我心深处最真实的声音】

从2018年年初孩子刚出生我就加入现公司了，到现在孩子两岁多，这两年多的时间我在公司的工作内容一直都是与图书有关。我喜欢创作，尤其是图书，日甚一日，或许这是骨子里的热爱，没有任何东西能够替代。我能在解决问题的过程中收获更多的知识、得到更好的思路，最为关键的是，我能得到乐趣。我喜欢创作，因为创作之于我是一种享受——工作与兴趣的融合，并经过多年的成长与积淀，相对从容些，何况，这是无边的天空，可以自由、惬意地飞翔，这是我的精神世界，从不孤寂。

【李兴泽/摄】

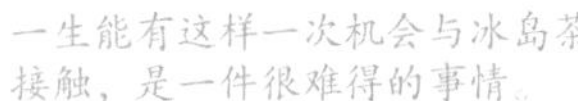

一生能有这样一次机会与冰岛茶接触，是一件很难得的事情。

尽管如此，但真正独立来完成一本书时，还是有一定的困难，需要考虑很多环节与细节，每一处都必须处理好；但好在前期准备素材与大量的采访时，就得到了很多朋友的帮助，积极为我提供各种线索、介绍被采访人等等实质性的支持；

在我承受巨大压力时，我“骚扰”了几位朋友，与他们分享我的创作，得到了他们的鼓励……这些，让我有信心奋战、坚持至创作的顺利收尾。

在这里，也特别感谢中国林业出版社的李顺，我之前没有独立出版过一本书，他居然敢帮我出版这本冰岛茶书，并为此在单位协调，且从始至终对我都信任；我相信，他选择出版我的这本书是承担着风险与压力的。也特别感谢我的朋友李诗白，愿意帮我题写书名，我才开口，他就马上答应，没有一丝的犹豫。

在这里，也特别感谢我的家人，对我创作的理解和无微不至的照顾，免去我的后顾之忧。即使在疫情最紧张的时候，被困于家，也依然乐观，享受着母亲亲手做的家乡美食，甚至一家人还会趁这个特殊的时期浅酌一杯，以此抵消心中隐隐的焦躁、不安与无奈。

Alternation of bitter and sweet

【苦与甜的交替，是人生最好的序】

岁月的苦，需要一杯茶的香甜来慰藉。

现在即便想回味苦，那也应是自己自愿的前提下，至少拥有选择权、主动权，而非被动的接受；我们不能原谅那种强行加给我们的苦，尤其是本可以过好日子，却偏要让我们过苦日子，本可以过得更好，却原地踏步。自愿选择吃点苦，可以是忆苦思甜，可以是体验生活，可以是降低消费频率，选择过一段相对清平而简单的生活，还可以直接选择吃几颗滇橄榄、喝几杯老曼峨苦茶……如此，在相遇一杯茶的香甜时，更能回味其韵味，也更能珍惜当下所拥有的好日子。

经此一疫，不知道会不会对我们的价值观、人生观有所触动，甚至是改变，还是说全然过去，仿佛已远逝或者没有发生过。我希望是前者，希望能有所触动：可能是钱没那么重要，要珍惜眼前、享受当下，享受与家人一起吃饭、相伴的时光，享受与朋友一起聊天、喝茶的时光，这些虽然平淡，却是这世间实实在在的幸福，我们触手可及；也可能是要更加努力地赚钱，不然紧急关头连避险的安身之所都没有，或者面对远走高飞的机会，也只能实践“贫贱不能移”、坐等危险一步步靠近了。但无论哪一种，我都是理解的，只是不要